JN184726

改訂版 散歩で見かける

街路樹・公園樹 庭木 図鑑

Roadside & Park & Garden tree

花の咲く時期

1
2
3
4
5
6
7
8
9
10
11
12

ジャンル

街路樹・公園樹

花の色

青
紫
ピンク
赤
黄
白
緑

スギ
タケ
ナギ
ツツジ
イロハモミジ
ウメ
カキノキ
リンゴ
サルスベリ
カイヅカ
イブキ
マキ
トケイソウ
シマトネリコ
ハクチョウゲ
クロマツ
ヒマラヤスギ
スズカケノキ
ケヤキ
つるバラ
フジ
コニファー
ヤマブキ
アツバ
キミガヨラン
バラ
イチョウ
シュロ
シダレヤナギ
ユキヤナギ
レンギョウ

散歩で見かける
樹木MAP
ツゲ
キンモクセイ
サクラ
クスノキ
キングサリ
オカメヅタ
アジサイ
ローズマリー
アメリカ
イワナンテン
ヒペリカム
ハナミズキ
インド
ゴムノキ
ナツヅタ
ヒイラギ
ナンテン
エンジュ
オリーブ
アベリア
ナンキン
ハゼ
ライラック
クロガネモチ

もくじ

改訂版 散歩で見かける
街路樹・公園樹 庭木 図鑑

この本の使い方

本書は、市街地で目にすることが多い樹木を２つのジャンル（街路樹・公園樹と庭木）に分けてご紹介しています。ただし、街路樹・公園樹の項目に入っ

メイン写真

その樹木が生育している環境や全体像がわかるものを中心に選びました。キャプションではその木の特徴などがわかります。

小写真

メイン写真ではわかりにくい細部のアップや関連種などを紹介しています。

データ

その樹木の形態・性質による分類、花期、結実期、樹高、分布（または原産地）、漢字名、別名を書き出しています。

葉は左右対称に出る

名前

植物名は原則として国内で使われる標準的な名称です。下には属する科と学名を記載。学名は植物の世界共通名で、ラテン語で属名＋種小名を表記します。

分類は原則としてAPG体系に準拠しています。APGはDNA解析による新しい植物分類法です。1998年の発表以来現在も更新が続けられており、植物分類学では主流となりつつあります。

＊APG(Angiosperm Phylogeny Group)

解説文

その樹木の特徴や見分けのポイント、名前の由来など、植物を知るための情報を紹介しました。園芸品種の名前には‘ ’をつけています。

サブ写真

特徴的な部分がよくわかる写真を中心に選んでいます。

ている樹木が個人宅の庭木として植えられている場合もあるでしょうし、必ずしも用途を限定するものではありません。園芸品種や近縁種などを含めた種類の多いものは、複数のページを使って 掲載しています。

つめ検索の意味と使い方

樹木名を調べる手助けとして、花が何月に見られるかのつめ、ジャンルのつめ、花色のつめを用意しました。

花期
1
2
3
4
5
6
7
8
9
10
11
12

地面から出た呼吸根

分　類：落葉高木
花　期：4月
結実期：10月
樹　高：20～50m
原　産：北アメリカ・メキシコ
漢字名：落羽松
別　名：ヌマスギ

公園では池や湿地の近くに植えられていることが多い

街路樹・公園樹

葉は鳥の羽根のような形。
秋にそのままの形で落ちるため
落羽松の名がつきました。

ラクウショウ
ヒノキ科　*Taxodium distichum*

メタセコイア（P.16）とよく似るが、葉が互い違いに出ることが大きな違い。実もやや大きい。池のそばなど湿った場所に生えている場合は、周囲の地面から呼吸根が出ることが多い。これはほかの木にはない特徴だ。実は秋に熟すが、タネができないこともある。

葉は秋に赤褐色に紅葉する

黄
緑

17

花期つめ検索

１月から12月までのつめで、花の咲く時期に色をつけました。

ジャンルつめ検索

その樹木の主な用途を、街路樹・公園樹と庭木に分けています。

花色つめ検索

おおまかに、青、紫、ピンク、赤、黄、白、緑の色でわけ、複色の花はそれぞれのつめに色を載せています。

掲載順

まず美しい花を楽しめる花木、次にそのほかの樹木を落葉樹、常緑樹の順に並べました。それぞれは原則として開花する季節順になっていますが、よく似ているものなどはできるだけ近いページに配しています。

ひとくちコメント

取材ノートを見ながら、その樹木を見たときの印象や思い出、豆知識などをつぶやいています。

まえがき

植物はわたしたちの生活の身近にあって、心を癒したり浮き立たせたりしてくれる大切な存在です。もし散歩で歩く道の途中に植物の姿がなかったとしたら、その散歩はとても味気ないものになるでしょう。

この本では市街地での散歩で見かける樹木を選んで、便宜的に街路樹・公園樹と庭木に分け、できるだけやさしい表現を心がけて解説しました。専門用語はなるべく避けましたが、どうしても必要ないくつかの用語は下欄で説明しています。

いつも通る道で気になっていた樹の名前を覚えると、その植物と少し親しくなれたような気がしませんか？

本書がその役に立てれば、とてもうれしく思います。

萼（がく）	花のつけねの外側につき、花を支える部分。
葯（やく）	雄しべの先にあり、成熟すると花粉を放出する袋状の部分。
苞（ほう）	花のつけ根にあり、蕾を包む小さな葉。
園芸品種（えんげいひんしゅ） 園芸種（えんげいしゅ）	園芸品種は複数の種を掛け合わせて人為的に作った種のこと。原種に改良を加えたものは園芸種と呼んで区別することも多い。
雌雄異株（しゆういしゅ）	１本木に雄花または雌花のどちらかのみがつく種類。実をつけるためには雌雄両方の株が近くにあることが必要となる。
殻斗（かくと）	どんぐりの下部または全部を覆う椀状・袋状の部分。

街路樹・公園樹

花期
1
2
3
4
5
6
7
8
9
10
11
12

枝の繊維はとても強く、手折るのは難しい

シロバナジンチョウゲ

斑入葉の園芸種

分　類：常緑低木
花　期：2〜3月
結実期：6月
樹　高：1m
原　産：中国
漢字名：沈丁花

街路樹・公園樹

ジンチョウゲ

ジンチョウゲ科　*Daphne odora*

早春の街で清らかな香りを感じたら
この花がどこかで咲いている証拠。
思わず居場所を探してしまいます。

名は香料の沈香（じんこう）と丁字（ちょうじ）を合わせたような香りの花という意味でつけられた。雌雄異株で日本には雄株が多いため実はつかないと言われるが、ごくまれに実をつける株がある。タネは有毒なので注意が必要。白花が咲く園芸種シロバナジンチョウゲもある。

紫

花びらに見える部分は正式には萼

白

オニシバリ

ジンチョウゲ科　*Daphne pseudomezereum*

分　類：落葉小低木
花　期：3〜4月
結実期：5〜7月
樹　高：1m以下
分　布：本州〜九州
漢字名：鬼縛り

ジンチョウゲ（P.10）とよく似た形の黄緑色の花が咲く。実は初夏に熟す。同時に落葉が始まり、暑さが過ぎた頃ふたたび葉が出る。雌雄異株。

花は黄緑色。4裂する萼片は筒の半分の長さ

別名は夏坊主。夏を葉がない状態で越すことからついた名前です。

ナニワズ

ジンチョウゲ科　*Daphne jezoensis*

分　類：落葉小低木
花　期：3〜4月
結実期：5〜7月
樹　高：1m以下
分　布：本州〜九州
漢字名：難波津

オニシバリの亜種で性質や姿もかなり似るが、花が鮮黄色で４片に裂けた萼片と筒の長さがほぼ同じという点で区別できる。雌雄異株。

雄株に両性花がつくこともある

ナニワズとオニシバリ、地方によっては名を逆に呼ぶことも。ややこしい！

花期
1
2
3
4
5
6
7
8
9
10
11
12

花はまだ寒い早春、葉が出る前に咲く

豊後系の実は大きい

園芸品種'南高(なんこう)'

分　類：落葉小高木〜高木
花　期：2〜3月
結実期：6〜7月
樹　高：5〜6m
原　産：中国
漢字名：梅
別　名：好文木(こうぶんぼく)

街路樹・公園樹

ウメ

バラ科　*Prunus mume*

花の香りはよく知られますが、熟した実の香りもすばらしい。学名は日本語の古名に由来します。

枝ぶりの美しさも楽しめるシダレウメ

ピンク
赤
白

日本に渡来したのはかなり古く、奈良時代には観賞用の栽培が始まっていたと言われる。園芸品種は300種以上。これらは原種に近く実が小さめの野梅(やばい)系、枝の中の髄が紅色をしている紅梅(こうばい)系、アンズ（P.199）との自然雑種で実が大きい豊後(ぶんご)系の3つに大別できる。

‘甲州野梅’

野梅系。花色は白または紅色。原種に近い一重咲きで盆栽に使われることも多い

‘白加賀’

野梅系。神奈川県で発見され江戸時代から知られる実ウメの代表品種。早咲き

‘思いの儘’

野梅系。１本の木に紅白の花が入り混じって咲く。別名は輪違い。遅咲き

‘酈懸’

野梅系。花びらは退化しており、雄しべと雌しべだけで咲く。別名は茶筅梅

‘鹿児島紅’

紅梅系。花色が特に濃い紅色の園芸品種。盆栽に使われることも多い。遅咲き

‘唐梅’

紅梅系の園芸品種。花には写真の八重咲きのほか、一重咲きもある。早咲き

‘南高’

豊後系。和歌山県で発見・選抜された実ウメで、梅干し用の最高級品種とされる

‘竜峡小梅’

実が小さい漬け梅用の代表品種。長野県での栽培が多い。極早咲き

ヤドリギ

ビャクダン科　*Viscum album subsp. coloratum*

分　類：落葉低木
花　期：2〜3月
結実期：10〜12月
樹　高：40〜50㎝
分　布：北海道〜九州
漢字名：寄生木

欧米でクリスマスに使うセイヨウヤドリギの亜種。落葉樹の樹上でタネが発芽し、根から木の養分を吸収して生長する半寄生植物。雌雄異株。

宿主の樹木が落葉する冬は姿がよく目立つ

鳥が運ぶタネは樹上にくっつくため強粘着質の果肉を備えています。

世界規模で広がる病虫害

各地の梅園や生産地のウメ伐採の原因となったプラムポックスウィルス（PPV＝ウメ輪紋ウィルス）、特定外来生物クビアカツヤカミキリによるサクラ食害など、近年外来の病害虫が広範囲の植物に甚大な害を及ぼしているというニュースを耳にすることが増えています。

国外から輸入される新しい植物は年々増え、個人でも手軽に珍しい種類を取り寄せられたりと、現代の園芸は昔とは比較にならないほど範囲が広まりました。楽しみが増えた反面、厄介物が持ち込まれる機会も増えています。被害例を見つけたらすぐに自治体などへ報告する、出所が不明な植物を安易に移動させないなど、個人でできる対策を意識することも大切です。

発見の経緯から「生きる化石」と呼ばれる

晩秋、褐色に紅葉する

分　類：落葉高木
花　期：2～3月
結実期：10月
樹　高：20～35m
原　産：中国
別　名：アケボノスギ

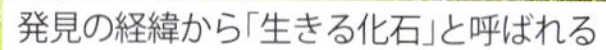

メタセコイア

ヒノキ科　*Metasequoia glyptostroboides*

樹形はすらりとした円錐形。樹高が高い木が多いので、遠くからでもよく目立ちます。

葉は左右対称に出る

かつては世界各地に分布したが、日本では200万年前に絶滅したとされ、化石が残るのみだった。1945年に中国四川(しせんしょう)省で発見された木が化石と同種と判明し、現存が確認されたという経緯を持つ。現在国内で見られるのはこの木から挿し木やタネでふやしたもの。

地面から出た呼吸根

分　類：落葉高木
花　期：4月
結実期：10月
樹　高：20～50m
原　産：北アメリカ・メキシコ
漢字名：落羽松
別　名：ヌマスギ

公園では池や湿地の近くに植えられていることが多い

葉は鳥の羽根のような形。
秋にそのままの形で落ちるため
落羽松の名がつきました。

ラクウショウ

ヒノキ科　*Taxodium distichum*

メタセコイア（P.16）とよく似るが、葉が互い違いに出ることが大きな違い。実もやや大きい。池のそばなど湿った場所に生えている場合は、周囲の地面から呼吸根（こきゅうこん）が出ることが多い。これはほかの木にはない特徴だ。実は秋に熟すが、タネができないこともある。

葉は秋に赤褐色に紅葉する

スギの名は「真っ直ぐに伸びる木」に由来する

樹皮は屋根材に使われる

分　類：常緑高木
花　期：3〜4月
結実期：10月
樹　高：50〜65m
分　布：本州〜九州
漢字名：杉

スギ

ヒノキ科　*Cryptomeria japonica*

古くから暮らしに深く関わる木。
花粉を出す厄介者と言われるのは
ちょっと残念ですね。

雌花がついた枝。熟した実も残る

香りのよい木材は酒樽や建築材ほか多用途に使われ、古くから重要な有用樹として多く植林されてきた。近年は花粉がアレルギーを引き起こすとして問題にもなっているが、花粉が少ない新しい改良種も100種以上生み出されており、植え替えが進みつつある。

ヨレスギ
葉が枝に巻きつくようによじれる園芸品種。別名は鎖杉。生け花に使われる

猿侯杉
枝が 30 ㎝～1mの長いひも状になる園芸品種。大小の葉が入り混じって出る

芽白杉
春の新芽と冬の葉が白くなる園芸品種。樹高は1～2mと小型。別名は翁杉

石化杉
枝が退化し、よじれたり鶏のトサカ形になる園芸品種。生け花に使われる

葉が密に茂るヒノキは生け垣にしても端正な美しさを見せる

玉散らし仕立ての庭木

屋根材に使われる樹皮

分　類：常緑高木
花　期：3〜4月
結実期：10月
樹　高：20〜50m
分　布：福島県以南〜九州
漢字名：檜

ヒノキ

ヒノキ科　*Chamaecyparis obtusa*

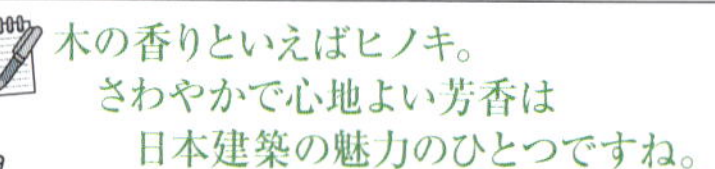

葉先は尖らず丸くなる。写真は葉裏

美しいツヤと芳香があり耐久性に富む木材は、日本の針葉樹類ではもっとも上質とされる。世界最古の木造建築である法隆寺に使われていることでも有名。樹皮は神社などの屋根に多い檜皮葺（ひわだぶき）に使われる。園芸品種の多くはコニファー（P.178）としても親しまれる。

雄しべが目立つ雄花

紅葉の色合いは黄橙から濃朱赤と幅が広い

分　類：落葉高木
花　期：3〜4月
結実期：6〜7月
樹　高：20〜30m
分　布：愛知・岐阜・長野県
漢字名：花の木
別　名：ハナカエデ

モミジやカエデの仲間ですが、
紅葉だけでなく花も見どころ。
特に雄花はきれいです。

ハナノキ

ムクロジ科　*Acer pycnanthum*

紅葉が美しい木だが、葉が出る前に咲く花の姿も美しいことから名がついた。愛知県北部周辺のごく限られた地域に分布し、自生種は環境省の絶滅危惧II類に指定されている。雌雄異株。公園樹としては北アメリカ原産の近縁種アメリカハナノキも多く植えられている。

若葉。切れ込みがない葉もある

花期

1
2
3
4
5
6
7
8
9
10
11
12

花房が長い種、ハチジョウキブシ

実は房状につく

分　類：落葉低木
花　期：3〜4月
結実期：9〜10月
樹　高：2〜5m
分　布：北海道西南部〜九州
漢字名：木五倍子

街路樹・公園樹

キブシ

キブシ科　*Stachyurus praecox*

早春、枝いっぱいに花が咲く姿は
まるでシャンデリアのよう。
見かけるたびにうっとりします。

花びらの間から雄しべが覗く雄花

葉が伸び始める前に咲く花は房状になり、小さな黄色いブドウのようにも見える。昔の女性が使ったお歯黒の材料にはヌルデ（P.165）から作られる染料・五倍子(ふし)が使われたが、キブシの実もその代用として使ったことから、木五倍子の字が当てられた。雌雄異株。

黄

チョウセンレンギョウ

ヤマトレンギョウ

分　類：落葉低木
花　期：3〜4月
樹　高：2〜3m
原　産：中国
漢字名：連翹

葉が出る前に開花するレンギョウ

レンギョウ

モクセイ科　*Forsythia*

開花はちょうど桜と同じ頃。
この花の黄色と桜色の取り合わせは
実に華やかで美しいものです。

枝垂れる細枝に明るい黄色の花が咲くレンギョウには仲間が数種類ある。もっとも多く見かけるシナレンギョウは花と同時に葉が出るのが特徴。このほか朝鮮半島原産のチョウセンレンギョウ、日本原産のヤマトレンギョウなどがある。いずれも雌雄異株。

枝が立ち上がるシナレンギョウ

花期
1
2
3
4
5
6
7
8
9
10
11
12

アブラチャン(P.25)とよく似るが、こちらは花の色が濃い

秋の黄葉

熟した実。径は10㎜以下

分　類：落葉小高木
花　期：3〜4月
結実期：9〜10月
樹　高：2〜6m
分　布：関東・新潟〜九州
漢字名：檀香梅
別　名：鬱金花(うこんばな)

街路樹・公園樹

ダンコウバイ

クスノキ科　*Lindera obtusiloba Blume*

早春のまだ寒い時でも明るい黄色の花を見ると気持ちが明るくなりますね。

花には軸がなく、枝に直接つく

黄

檀香(だんこう)は香料のビャクダンを指す言葉。幹、葉、タネにビャクダンに似たさわやかな芳香があることに由来して名がついた。この香りを生かして木材は楊枝の材料に使われる。別名の鬱金花(うこんばな)は花の黄色に由来。葉は切れ込みがあるものとないものが混在する。雌雄異株。

葉の軸はつけ根が赤い

実は径15㎜ほど

木材は丈夫で、北国ではかんじきの材料に使われる

分　類：落葉低木～小高木
花　期：3～4月
結実期：10～11月
樹　高：3～6m
分　布：本州～九州
漢字名：油瀝青
別　名：ズサ

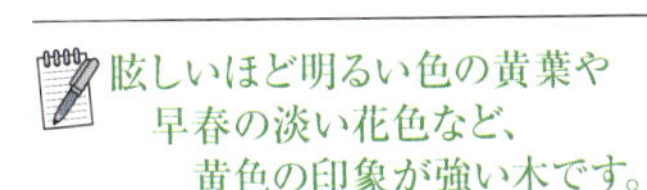

眩しいほど明るい色の黄葉や
早春の淡い花色など、
黄色の印象が強い木です。

アブラチャン

クスノキ科　*Lindera praecox*

おもしろい名は油分を多く含む幹やタネをかつて燃料に使ったことからついた（チャンは瀝青（れきせい）の別称で、コールタールなどの炭化水素化合物を指す）。姿はダンコウバイ（P.24）とよく似るが、花に柄がついていること、実が大きいところも区別のポイント。雌雄異株。

雄花には軸がある

花期
1
2
3
4
5
6
7
8
9
10
11
12

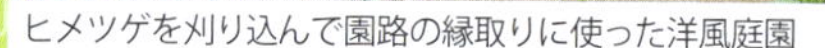
ヒメツゲを刈り込んで園路の縁取りに使った洋風庭園

ヒメツゲ

ボックスウッド

分　類：常緑低木～小高木
花　期：3～4月
結実期：10～11月
樹　高：1～8m
原　産：中国
漢字名：黄楊
別　名：本黄楊

街路樹・公園樹

ツゲ

ツゲ科　*Buxus microphylla*

ヨーロッパでよく見られる
クラシカルな整形庭園には
欠かせない存在です。

長さ1～3㎝で対生するツゲの葉

緑

葉が密に茂るため、さまざまな形に仕立てられる。葉が小さなヒメツゲやボックスウッド（セイヨウツゲ）などの近縁種も庭園樹として人気が高い。木目が密に整った堅い木材は、櫛や印鑑、将棋の駒、精密機器の木製部材などに使われる。白実がつく園芸品種もある。

樹高10m 以上になるオヒルギ。葉長は約10㎝

分　類：常緑低木～高木
花　期：主に5～8月
結実期：主に10～11月
樹　高：4～25m
分　布：鹿児島南部～沖縄
漢字名：蛭木

ヤエヤマヒルギ（別名オオバヒルギ）は樹高10m ほど

マングローブの根や幹には海水の塩分を吸収抑制する仕組みがありますが、その謎は完全には解明されていません。

マングローブの仲間

ヒルギ科

マングローブは熱帯～亜熱帯の河口泥地に生える樹木群。日本での構成樹種はヤエヤマヒルギ、メヒルギ、オヒルギなどで、いずれも幹から支柱根や気根を出す。ヤエヤマヒルギの支柱根は大きめ、メヒルギは小さめ。オヒルギは短めで、地中からも気根を出す。

メヒルギは樹高7～8m、葉長約5㎝

花期

1
2
3
4
5
6
7
8
9
10
11
12

中国原産のシダレヤナギ。長く細い枝が枝垂れる姿が美しい

園芸品種'白露錦(はくろにしき)'。別名は五色ヤナギ

園芸種マガタマヤナギ。別名はメガネヤナギ

分　類：落葉低木～高木
花　期：3～5月
分　布：北半球各地
漢字名：柳

街路樹・公園樹

ヤナギの仲間

ヤナギ科　*Salix*

輝くような花芽の可憐さや
風に揺れる姿の優美さは
この木だけが持つ大きな魅力。

ネコヤナギの葉

多くの種類は葉が出る前に開花するが、ネコヤナギなど数種は花芽が絹毛に覆われており、その美しさから生け花の花材に使われることも多い。枝が枝垂れるのはシダレヤナギなど数種で、ほかは枝が上向きになる。雌雄異株だが、観賞用の木はほとんどが雄株。

赤
黄
白
緑

ネコヤナギ
日本・中国原産。園芸種も多く、花芽の色は多彩。写真はピンクネコヤナギ

コリヤナギ（別名コウリヤナギ）
朝鮮半島原産。樹高 2～3m。水辺に多い。枝を行李（こうり）の材料にする

フリソデヤナギ（別名アカメヤナギ）
ネコヤナギを親に持つ園芸種。花芽はネコヤナギより大きく紅色が濃い

クロヤナギ（別名クロメヤナギ）
ネコヤナギの変種。樹高約 2 m。花が黒い。生け花の花材とすることが多い

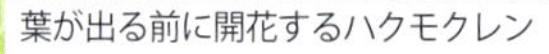
葉が出る前に開花するハクモクレン

蕾は銀毛に包まれる

葉は固く大きい

分　類：落葉低木〜高木
花　期：3〜5月
結実期：10月
樹　高：3〜5m・10〜15m
原　産：中国
漢字名：木蓮

モクレンの仲間

モクレン科　*Magnolia*

早春、堂々とした大木に、
満開の花をつけるハクモクレンは
花の女王と呼びたい風格を感じます。

花は陽射しがあたると開く

暗紫色の花が咲くシモクレン、高木に白花が咲くハクモクレン、全体が小型なトウモクレンがある。シモクレンとシデコブシ（P.32）の交配による園芸品種群はガールマグノリアと呼ばれる。近年は近縁種との交配による園芸種も増え、多彩な花色が生まれている。

スーランギアナ
ハクモクレンとシモクレンが交雑したと考えられる近縁種。花は白に淡紅が入る

‘金寿（きんじゅ）’
アメリカ原産の近縁種キモクレンを日本で改良した園芸品種

街路樹・公園樹

シモクレン
気候により季節を問わず花芽ができる性質があり、花期以外に咲くことも多い

ガールマグノリア‘ランディ’
細長い花びらはシデコブシに似るが、色はシモクレンの特徴を濃く受け継ぐ

花期

1
2
3
4
5
6
7
8
9
10
11
12

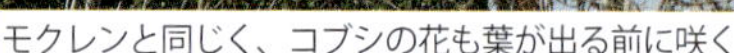
モクレンと同じく、コブシの花も葉が出る前に咲く

熟したシデコブシの実

分　類：落葉小高木～高木
花　期：3～5月
結実期：10月
樹　高：3～5m・10～15m
分　布：本州～九州
漢字名：辛夷

街路樹・公園樹

コブシの仲間

モクレン科　*Magnolia*

花後にできる実は独特です。
まず紅色の塊ができ、黒く熟すと割れて
赤いタネが白い糸で垂れ下がります。

モクレン（P.30）の近縁で、こちらは日本原産の仲間。芳香のある白い花を咲かせるコブシ、全体がやや小柄なタムシバ、多数の花びらがある小高木のシデコブシなどがある。コブシとタムシバの花はよく似るが、コブシは花の下に葉が出ることで区別できる。

花の下に小さな葉が１枚つくコブシ

ピンク
白

シデコブシ
東海地方周辺に分布。花は白〜濃ピンク色で十数枚の細い花びらがつく

タムシバ
花には香りがある。葉は細長く、噛むとほのかな甘みがある

農諺木（のうげんぼく）は自然の暦

　農業や園芸は季節や気候で作業が異なりますが、人々は昔から近辺の木々の様子で作業の適期を判断してきました。これら作業の指針となる木のことを農諺木と呼びます。コブシには「種蒔き桜（たねまざくら）」という通称がありますが、これは花の咲き始める気温が畑のタネ蒔きに適していることからついたもの。京都ではタケノコ掘りの適期をヤマザクラの蕾の色で判断するそうですし、秋のムギのタネ蒔きを山の紅葉の始まりに合わせる地域もあります。雪国ではイチョウを「雪試し（ゆきだめし）」と呼び、黄葉の色づき具合で初雪の時期を知るとか。こうした農諺木の例は各地にあり、気象予報技術が発達した現代でも、信頼できる自然の暦として暮らしに活かされています。

江戸時代末期に作られた園芸品種ソメイヨシノ

ヤマザクラの実

紅葉も美しい

分　類：落葉低木～高木
花　期：主に3～5月
結実期：主に5～6月
分　布：本州～九州（エドヒガン）
漢字名：桜

サクラの仲間

バラ科　*Prunus subg. Cerasus*

日本の花といえば、やはりサクラ。春の日本列島を空から見たら、桜色の霞に包まれているでしょう。

ソメイヨシノの花

野生種はアジア東部を中心に広く分布するが、観賞用に栽培される種の多くは日本原産。ヤマザクラ、オオシマザクラ、エドヒガンなど数種の基本種と、それらを元とする雑種や交配種を含めた園芸種は300種以上。一般に栽培されるものだけでも約100種ある。

エドヒガン
本州〜九州に分布する日本原産種。葉より早く開花する。ソメイヨシノの片親

小彼岸（こひがん）
江戸初期からある園芸種。開花はソメイヨシノより早い。別名ヒガンザクラ

'八重紅枝垂'（べにしだれ）
江戸中期からある園芸品種。シダレザクラの一種で花色が濃い園芸種

ヤマザクラ
宮城・新潟県以西に分布する日本原産種。開花中に新葉が出始める

オオシマザクラ

関東南部の海沿いに分布。葉が出るのと同時に大きめの白い 5 弁花が咲く

緑萼桜

純白の花びらに、緑色の萼を持つ小輪の園芸種。別名は緑桜

河津桜

伊豆・河津町で 1955 年に発見されたカンヒザクラ系雑種。紅色で早咲き

十月桜

冬咲きの園芸種。小輪で花びらの縁は紅色。10 月頃から断続的に開花する

‘普賢象’(ふげんぞう)
八重咲きの園芸品種。歴史は古く、室町時代から栽培されていたらしい

‘松月’(しょうげつ)
八重咲きの園芸品種。花びらの縁に切れ込みがあり、外側は紅、内側は白

琉球緋桜(りゅうきゅうひざくら)
中輪一重咲きの園芸種。沖縄に多く、1月から開花する。別名琉球寒緋桜(りゅうきゅうかんひざくら)

‘鬱金’(うこん)
緑がかった淡黄色の花が咲く園芸品種。花は径4cm ほどと大輪で八重咲き

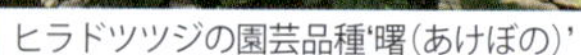

ヒラドツツジの園芸品種'曙(あけぼの)'

キリシマツツジ

分　類：常緑・落葉低木～高木
花　期：3～6月
結実期：7～9月
樹　高：1～5m
原　産：北半球各地
漢字名：躑躅

ツツジの仲間

ツツジ科　*Rhododendron*

日本はツツジの王国で、分布する野生種の数は世界一を誇ります

ヤマツツジは花径4～5㎝、半落葉低木

ツツジ科ツツジ属の植物のうち、日本ではシャクナゲ（P.267）以外をまとめてツツジと呼ぶ。仲間にはサツキやキリシマほか多くの野生種や園芸種群がある。それらを交配して作られた品種も多いため区分けはとても複雑で、専門家でもすべてを見分けるのは難しい。

サタツツジ
鹿児島県に分布。花の色は淡紫紅のほか、白やピンク、紅など多彩

クルメツツジ（写真は園芸品種‘常夏’）
サタツツジなどを元にした園芸品種群。江戸時代、久留米藩で育生された

キシツツジ
兵庫以西に分布する常緑低木。開花は4～5月。花径4～5㎝

リュウキュウツツジ
キシツツジとモチツツジの雑種と考えられる常緑低木。寒さに強く丈夫

モチツツジ（写真は園芸品種‘花車（はなぐるま）’）
伊豆半島〜四国に分布する常緑低木。開花は4〜6月。花径5〜6㎝で花びらは細い

オオムラサキ
ケラマツツジやモチツツジなどの交雑と考えられるヒラドツツジの園芸種

ウンゼンツツジ
関東南部〜九州に分布する常緑小低木。開花は4〜5月。花径3〜5㎝

サツキ（写真は園芸品種‘秋月（しゅうげつ）’）
関東〜屋久島に分布する常緑低木。開花は5〜7月、花径3〜5㎝

ミヤマキリシマ（写真は園芸品種'藤娘'）
九州の火山地帯に分布する半落葉低木。開花は５～６月。花径２～３㎝

レンゲツツジ
北海道南部～九州に分布。落葉性。花径は５～６㎝、６～７月に開花。有毒植物

アザレア（写真は園芸品種'マルタ'）
ヨーロッパで改良された園芸品種群で、正式名はベルジアン・アザレア

エクスバリー・アザレア
レンゲツツジと外国産の近縁種数種を元にイギリスで作られた園芸品種群

ヒカゲツツジ
関東〜九州に分布する常緑低木。開花は4〜5月、花径約3㎝

ミツバツツジ
関東〜近畿に分布する落葉低木。花径3〜4㎝。4〜5月の花後、枝先に3枚葉が出る

オンツツジ
近畿〜九州に分布する落葉低木。開花は4〜5月。別名ツクシアカツツジ

クロフネツツジ
中国〜朝鮮半島に分布する落葉低木。日本には17世紀後半に渡来した

シロミノアオキ

実の横に出ているのは蕾

分　類：常緑低木
花　期：3〜5月
結実期：10〜4月
樹　高：1〜2m
分　布：北海道南部〜沖縄
漢字名：青木

冬でもつややかな葉を茂らせ、観葉植物として人気が高い

あらゆる場所で見かけます。
葉の模様は実にバラエティ豊富で
品種名当てクイズができそう。

アオキ

アオキ科　*Aucuba japonica*

日本原産だが欧米でも高い人気を誇り、多彩な園芸種が作られている。淡黄色の実がつくシロミノアオキ、黄色の実がつくキミノアオキもある。株が小型の変種ヒメアオキは北海道南部〜本州の日本海側に自生。いずれも雌雄異株。斑入り葉種には実がつきにくい。

さまざまな斑入り葉がある園芸種

ヤエヤマブキ

ヤエヤマブキ

シロヤマブキ

分　類：落葉低木
花　期：3〜5月
結実期：9〜11月
樹　高：1〜2m
分　布：北海道〜九州
漢字名：山吹

ヤマブキ

バラ科　*Kerria japonica*

春に咲く花は黄色が多いのですが、
中でももっとも鮮やかなのは
ヤマブキの色だと思います。

ヤマブキは一重咲きになる

しなやかな枝とどこからもよく目立つ明るい黄金色の花が魅力。近縁種には八重咲きになるヤエヤマブキ、純白の花が咲くシロヤマブキがあるが、これらとは別にヤマブキの白花種シロバナヤマブキもある。5つのタネが星形に並ぶ実もかわいらしい。

サヤ状になる実

白花の園芸種

日本に渡来したのは1695年以前と言われる

分　類：落葉低木
花　期：4月
結実期：6〜8月
樹　高：2〜5m
原　産：中国
漢字名：花蘇芳

独特の姿でとても覚えやすい花木。
わたし自身も幼い頃、
最初に覚えた花のひとつでした。

ハナズオウ

マメ科　*Cercis chinensis Bunge*

葉が伸び出す前の枝を埋めるように咲く花は見事に鮮やかな紅紫色。名の由来でもある蘇芳（すおう）の染料で染めたような色合いは、遠くからでもまちがいようのない独特の姿だ。葉はマメ科にはめずらしいハート型。実は秋に熟し、葉が落ちたあとも長く枝に残る。

花はマメ科ならではの蝶形に近い

花期
1
2
3
4
5
6
7
8
9
10
11
12

街路樹・公園樹

葉にはほのかな芳香があり、お香の材料に使われる

秋の美しい黄葉

古い樹皮は割れ目が多い

分　類：落葉高木
花　期：3〜5月
結実期：8〜10月
樹　高：10〜30m
分　布：北海道〜九州
漢字名：桂

カツラ

カツラ科　*Cercidiphyllum japonicum*

枯れて落ちた葉には
甘い香りがあります。
見つけたらぜひかいでみてください。

赤

葉の軸はほんのりと紅色がかる

葉は径3〜8㎝ほどのハート型だが、ほぼ円形に近い葉も出る。花には花びらや萼(がく)がなく、早春、新葉が伸び出す前に紅色の雄しべ・雌しべのみの花が咲く。樹皮は暗い灰褐色。縦の割れ目が多くでき、古い木では部分的に剥がれていることも多い。雌雄異株。

セイヨウハコヤナギ

分　類：落葉高木
花　期：3〜5月
結実期：6〜7月
樹　高：20〜30m
原　産：ヨーロッパ〜西アジア
漢字名：西洋箱柳
別　名：イタリアポプラ

ホウキ状の樹形になるのは雄株。雌株の枝は横に広がる

タネには白い綿がついており、地面に降り積もると、初夏なのにまるで雪が降ったように見えます。

セイヨウハコヤナギ

ヤナギ科　*Populus nigra var. italica*

ポプラの仲間にはセイヨウハコヤナギ（イタリアポプラ）のほか、ヨーロッパ原産のギンドロ（ウラジロハコヤナギ）、北アメリカ原産のカロリナハコヤナギ（カロリナポプラ）などがある。いずれも雌雄異株。広く知られる北大の並木道はセイヨウハコヤナギ。

秋には黄葉する

花期
1
2
3
4
5
6
7
8
9
10
11
12

葉が密に茂るため、生け垣に使われることも多い

葉は細くやわらかい

分　類：常緑高木
花　期：3〜5月
結実期：9〜10月
樹　高：約20m
分　布：北海道〜九州
漢字名：一位
別　名：アララギ、オンコ

街路樹・公園樹

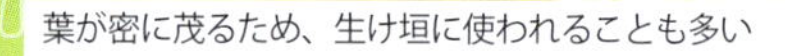

イチイ

イチイ科　*Taxus cuspidata*

弾力に富む木材は弓材としても有名。ロビン・フッドが持つ弓もこの木で作られていたそうです。

昔、木材が笏（しゃく）を作るのに使われたことから、位階最上位の正一位（しょういちい）に因んで名がついた。別名のオンコはアイヌ語での呼び名。実の赤い仮種皮（かりしゅひ）は甘くて食べられるが、中のタネは有毒なので注意が必要。仮種皮が黄色のキミノオンコは北海道の固有種。雌雄異株。

タネは赤い仮種皮に包まれる

黄
緑

雄花をつけた枝葉

分　類：常緑高木
花　期：4〜5月
結実期：翌9〜10月
樹　高：約25m
分　布：宮城以西〜九州
漢字名：榧
別　名：ホンガヤ

雌雄異株だが、まれに同株のものがある

カヤ

イチイ科　*Torreya nucifera*

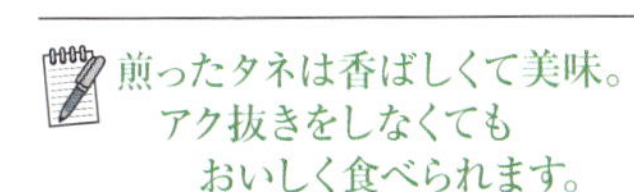

煎ったタネは香ばしくて美味。
アク抜きをしなくても
おいしく食べられます。

葉は堅く先が鋭く尖り、触るととても痛い。実は花後にできるが、大きくなるのは翌年の夏からで、秋に緑色のまま枝から落ちる。実の中には大きなタネがあり、煎って食用にする。木材は建築材や桶材にするほか、最高級の碁盤・将棋盤にも使われる。雌雄異株。

実は開花の翌夏から生長する

秋、黄から紅へと変わる様も美しい。写真はモミジバフウ

フウの葉。長さは7〜9㎝

モミジバフウの葉

分　類：落葉高木
花　期：4月
結実期：10〜11月
樹　高：20〜40m
原　産：中国・台湾
漢字名：楓

フウ

フウ科　*Liquidambar*

スズメやムクドリ、ヒヨドリなど
街の小鳥の寝ぐらになることも多い木。
大きな葉陰は安心できるのでしょう。

モミジバフウの実

江戸中期に日本に渡来し、古くから庭木や街路樹として親しまれてきた。葉の切れ込みが多い近縁種モミジバフウ（別名アメリカフウ）が日本に入ったのは大正時代で、現在街路樹に使われるのはこちらのほうが多い。いずれも晩秋は鮮やかな黄〜紅色に紅葉する。

実は長さ1.5〜2cm

園芸品種'花散里'

分　類：落葉高木
花　期：4〜5月
結実期：7〜9月
樹　高：10〜20m
原　産：中国・台湾
漢　名：唐楓

園芸品種'花散里(はなちるさと)'で作られた並木道

街路樹の紅葉で
鮮やかな色だなと思うと
この木であることが多いです。

トウカエデ

ムクロジ科　*Acer buergerianum*

モミジの仲間（P.54）だが、都市公害や潮風に強く剪定(せんてい)にもよく耐えるため、街路樹に使われることが多い。姿はフウ（P.50）に似るが、こちらの葉はずっと小さい。花や実の形、樹皮が剥がれやすいことでも区別できる。斑入り葉など園芸品種も数多い。

葉は長さ4〜8cmほど

若葉に淡ピンクの斑が入ることで人気の園芸品種'フラミンゴ'

枝から垂れ下がる雄花

若い実

分　類：落葉高木
花　期：4月
結実期：8～10月
樹　高：15～20m
原　産：北アメリカ
別　名：トネリコバノカエデ

ネグンドカエデ

ムクロジ科　*Acer negundo*

生長がとても早く短期間でも大木になってしまうので、狭い場所に植えると苦労します。

黄葉の園芸品種'ケリーズ・ゴールド'

モミジの仲間（P.54）だが、葉はほかのモミジ類と大きく異なり、１本の柄に奇数枚の小葉がつく形。雌雄異株。雄花・雌花とも花びらはなく、長い柄の先につくので、花時にはたくさんの紐が枝から垂れているように見える。園芸品種も多く葉色は多彩。

新芽は明るい赤になる

深い銅紅色に紅葉する園芸品種'クリムソン・キング'

分　類：落葉高木
花　期：4～5月
結実期：8～10月
樹　高：20～30m
原　産：ヨーロッパ
別　名：ヨーロッパカエデ

日本のモミジが繊細な美だとすると、ヨーロッパのモミジはダイナミック。大きな葉が濃い色に染まります。

ノルウェーカエデ

ムクロジ科　*Acer platanoides*

欧米で紅葉といえばこの木で、多くの園芸品種が作られている。いずれも葉は径 10 ～ 18cm と大型で、秋には鮮やかな紅や黄橙に染まる。北アメリカ原産の近縁種サトウカエデはカナダの国旗でもおなじみ。樹液からメープルシロップを採ることでも広く知られる。

葉は大きく5裂した手のひら形

紅葉が始まったオオモミジ

イロハモミジの花

ヤマモミジの実

分　類：落葉高木
花　期：4～5月
結実期：7～9月
分　布：北海道～九州

モミジの仲間

ムクロジ科　*Acer*

古くから日本人が愛するモミジは
色も形も実に多彩。日本の秋の多彩さは
世界一の美しさだと思います。

夏の青葉も美しいイロハモミジ

モミジは紅葉するカエデ類の総称で、多くの種類がある。それらを交配して作られた園芸品種も加えるとバラエティは数えきれず、葉の形や色は種類によって異なる。一般的には秋の紅葉・黄葉が見どころとされるが、春の新芽の色が美しい種も多い。

オオモミジ
葉は径6～10㎝と大きめで縁のギザギザ(鋸歯)は細かい。園芸品種も数多い

ハウチワカエデ(別名メイゲツカエデ)
葉は径7～12㎝とモミジの仲間ではかなり大きめ。多くの園芸品種がある

イロハモミジ
葉は径4～7㎝と小さいが縁のギザギザ(鋸歯)は大きめ。多くの園芸品種がある

ヤマモミジ
葉の大きさはイロハモミジとオオモミジの中間。多くの園芸品種がある

‘手向山(たむけやま)’

オオモミジの園芸品種。枝が枝垂れる性質で、紅枝垂(べにしだれ)、羽衣(はごろも)とも呼ばれる

‘忍ヶ岡(しのぶがおか)’

オオモミジの園芸品種。新葉は赤く、その後赤紫〜暗紫緑と葉色が変わる

イタヤカエデ

出たばかりの新葉は銅色だが、秋は橙色に黄葉する。多くの園芸品種がある

カジカエデ

別名オニモミジ。写真は出たばかりでまだやわらかい新葉。秋には黄葉する

葉とともに出る雌花

実の中のタネがギンナン

分　類：落葉高木
花　期：4月
結実期：10月
樹　高：20〜30m
原　産：中国
漢字名：銀杏

剪定されていない自然樹形はこんもりと丸い

太古の昔から変わらないという姿。
かつては恐竜も眺めただろうかと
想像の翼が広がります。

イチョウ

イチョウ科　*Ginkgo biloba*

起源は古生代に遡り、中生代ジュラ紀には多くの種類が栄えていたと言われる。現在見られるのはそのうちの１種が生き残ったもの。日本の街路樹で最も多く使われる樹種であり、大阪の御堂筋（みどうすじ）や東京の神宮外苑（じんぐうがいえん）をはじめとする有名な並木道も多い。雌雄異株。

神宮外苑の街路樹は大正12年植栽

樹形は自然に円錐形になる。写真はまだ若く樹高が低いもの

斑入り葉の園芸品種

分　類：常緑高木
花　期：3～4月
結実期：翌9～10月
樹　高：10～25m
分　布：岩手以南の太平洋側
漢字名：息吹
別　名：ビャクシン、シンパク

イブキ

ヒノキ科　*Juniperus chinensis*

自生地は風の強い海辺の岩場。幹肌は荒々しい風情になりますが、盆栽ではそれが醍醐味とされます。

庭園用に低く刈り込まれたもの

葉はふつう細い鱗片状(りんぺんじょう)だが、剪定(せんてい)した枝には針状の葉（スギ葉）が出ることが多い。雌雄異株だが、まれに同株もある。カイヅカイブキ（P.59）やハイビャクシンをはじめとする多くの園芸品種や変種があり、コニファー（P.178）として広く親しまれる。

葉は波打つように育つ

枝先に出たスギ葉

分　類：常緑高木
花　期：3〜4月
結実期：翌9〜10月
樹　高：6〜7m
漢字名：貝塚息吹

赤星病を媒介するのでナシのそばには植えないよう注意が必要

コニファー（P.178）の仲間のうち
日本でもっとも古くから
親しまれている木のひとつ。

カイヅカイブキ

ヒノキ科　*Juniperus chinensis 'Kaizuka'*

イブキ（P.58）の園芸品種で、古くから生け垣をはじめとした庭木として広く使われる。枝がねじれながら伸びるため、生長すると巻き上がる炎のような樹姿に育つのが大きな特徴。時折葉の一部にスギ（P.18）に似た針状の葉が出ることがある。雌雄異株。

生け垣仕立てにすることも多い

木材は香りが薄いことから、寿司用の桶や飯台に最適とされる

白い気孔がある葉裏

若い実

分　類：常緑高木
花　期：3〜4月
結実期：翌10月
樹　高：30〜40m
分　布：岩手県中部〜九州
漢字名：椹

サワラ

ヒノキ科　*Chamaecyparis pisifera*

庭木に使う園芸品種は人気ですが、基本種のサワラは木材の利用が減り、植林が激減しているそうです。

枝葉が垂れる園芸品種ヒヨクヒバ

葉はヒノキ（P.20）に似るが、光沢が少なく葉先が尖っていることで区別できる。樹皮はスギ（P.18）とよく似る。木材はやわらかくて水に強いため、古くから米びつや桶の素材に利用されてきた。園芸品種も多く、コニファーの仲間（P.178）として親しまれる。

マツの葉に似た葉状枝

暖地に多く、沖縄や小笠原の浜辺に多く植えられている

分　類：常緑小高木
花　期：4～5月
結実期：10～11月
樹　高：約10m
原　産：オーストラリア
漢字名：木麻黄

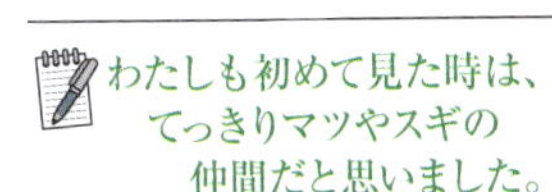

モクマオウ

モクマオウ科　*Casuarina stricta*

海辺に多い木でマツ（P.244）とよく似ているが、植物学的な関連はない。マツの葉のように見えるのは正式にはごく細い枝で、葉状枝（ようじょうし）と呼ばれる。葉は退化し、小さな茶色の鱗片状になって枝についているが、ほとんど目立たない。雌雄異株または同株。

実の形も松ぼっくりと似ている

細くて固く、先が尖った葉が密に茂る

小型の園芸品種'日の出'

分　類：常緑高木
花　期：4〜5月
結実期：10月
樹　高：25〜40m
分　布：渡島半島を除く北海道
漢字名：蝦夷松
別　名：クロエゾマツ

エゾマツ

マツ科　*Picea jezoensis*

北国の山地でひと際高く聳える
堂々とした姿が見事。
「北海道の木」にも指定されています。

アカエゾマツの園芸品種'八つ房'

北海道〜シベリアの山地に自生する針葉樹。耐久性に富み木目が整った木材は建築材や製紙材料のほか、ピアノや弦楽器にも使われている。近縁種アカエゾマツには多くの園芸種があり、コニファー類（P.178）として庭木に利用されるほか、盆栽にも仕立てられる。

未熟な若い球果

熟しかけの球果

分　類：落葉高木
花　期：5月
結実期：翌10月
樹　高：20〜30m
分　布：宮城県蔵王山〜石川県白山
漢字名：落葉松、唐松

秋の澄んだ空に黄金色の黄葉が映える

晩秋の黄葉のあと、
葉はさらさらと音を立てて落ちます。
この音を聞くと冬はもうすぐ。

カラマツ

マツ科　*Larix kaempferi*

針葉樹では珍しい落葉樹。落ちた葉は腐りにくいため、カラマツ林の地面はそのままの形で残った落ち葉が深く積もり、フカフカとやわらかい。斑入り葉や枝が低く這うタイプなど園芸品種もいくつかあり、コニファー（P.178）として公園樹や庭木に利用されている。

夏のカラマツ林

イヌシデを盆栽に使う場合はソロという別名で呼ばれる

イヌシデの幹

分　類：落葉高木
花　期：4～5月
結実期：10月
分　布：本州～九州
漢字名：四手
別　名：ソロ

シデの仲間

カバノキ科　*Carpinus*

実は折り紙を重ねたような
とてもおもしろい造形。
ずっと眺めていても飽きません。

イヌシデの雄花。長さは5～8㎝

花や実の形が神道で使う四手（しで）（紙垂）に似ていることが名の由来。シデと名がつく樹木は数種あるが、どれもよく似ている。もっとも多く見かけるイヌシデは幹の縞模様が美しく、盆栽に使われることも多い。アカシデは花が赤く、クマシデは葉が大きめになる。いずれも雌雄異花。

クマシデ
葉は細長く、葉脈の間隔が密になるのが特徴。秋には黄葉する

クマシデの実
長さ約5㎝。タネを包む苞は1枚が大きく、実全体がずんぐりした形になる

アカシデの紅葉
シデの仲間でもっとも鮮やかに紅葉する。出たばかりの若葉も紅色を帯びる

アカシデの実
長さは4～10㎝ほど。熟し始めると紅色を帯び、最後は褐色になる

街路樹のほか、防風林に利用されることも多いシラカシ(白樫)

シラカシの葉

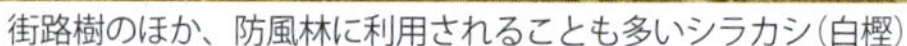

分　類：常緑高木
花　期：4〜5月
結実期：7月〜翌11月
樹　高：20〜30m
分　布：東北〜九州
漢字名：樫

カシの仲間

ブナ科　*Quercus myrsinifolia*

都心部でできるどんぐり拾いの
代表選手といえばカシの木。
秋の散歩の楽しみのひとつです。

シラカシの実(どんぐり)

仲間にはいくつか種類があるが、いずれも花には雌雄があり、雌花は小さめ、雄花は長いひも状になる。実（どんぐり）はついた年は青く小さいまま枝に残り、ふくらんで熟すのは翌夏以降。樫という字の通り堅い木材は建築や器具、家具材として重要な役目を果たす。

アカガシ（赤樫）
葉の形は左右非対称で縁が波打つので見分けやすい。木材は薄赤色になる

アラカシ（粗樫）
カシと呼ぶ場合はこの木を指すことが多い。葉はシラカシに似るがやや幅広

街路樹・公園樹

ウラジロガシ（裏白樫）
葉裏が白くなるのが大きな特徴。表面もほかの種に比べるとやや色が薄い

ウバメガシ（姥目樫）
葉は革質で堅く樹高は低め。実は食用、木材は和船や備長炭に利用される

青々と茂る夏の葉。晩秋から冬、枯れたあとも長く枝に残る

まだ若い実(どんぐり)

近縁ナラガシワの園芸種オウゴンガシワの雄花

分　類：落葉高木
花　期：4～5月
結実期：10月
樹　高：10～15m
分　布：北海道～九州
漢字名：柏、槲

カシワ

ブナ科　*Quercus dentata*

葉は大きく独特の形をしていて
遠くからでもすぐに
カシワの木だとわかります。

葉で柏餅を包むことでもおなじみ

ブナ科で最も大きな葉は長さ10～30㎝ほど。葉は花が咲くと同時に出始め、秋に黄葉する。幼い葉は全体に細かい柔毛が生えてやわらかく、枝から垂れ下がっていることもある。実はどんぐりになる。どんぐりは径2㎝ほどで丸く、アク抜きをして食用とする。

熟した実(どんぐり)

黄葉

幹は根元から数本に分かれていることも多い

分　類：落葉高木
花　期：4〜5月
結実期：10月
樹　高：15〜20m
分　布：北海道南部〜九州
漢字名：小楢
別　名：柞(ははそ)

芽を出したばかりの葉はくすんだ黄緑色。慣れると遠くからでも見分けがつきます。

コナラ

ブナ科　*Quercus serrata*

雑木林を構成する代表的な樹種。花は雌雄異花で、葉が伸び始めると同時に開花する。葉は秋に朱橙色または紅色に紅葉するが、その後茶色く枯れてもしばらくは枝に残っていることが多い。堅くて重い木材は、建材のほか、薪材やシイタケの原木に使われる。

葉は厚めで裏面は灰色がかる

材木がシイタケの原木に使われることでもよく知られる

葉縁は針のように飛び出す

長さ10㎝ほどの雄花

分　類：落葉高木
花　期：4～5月
結実期：翌10月
樹　高：約15m
分　布：東北～沖縄
漢字名：櫟、椚、橡

クヌギ

ブナ科　*Quercus Carruth*

どんぐりの殻斗は崩れやすく、
きれいなままの殻斗を拾うと
宝物を見つけた気持ちになります。

どんぐりは丸く、径約２㎝と大型

人里近くの雑木林に多く、古くから薪や器具材など、用途が広い木として知られる。細長い葉の縁にあるギザギザ（鋸歯）が細い針のように長く飛び出すのが大きな特徴。花後にできるどんぐりは大きめ。生長するのは翌年の夏以降で、１年目は小さく目立たない。

コルク質の幹

どんぐり

ついてから1年たち、成熟しかけているどんぐり

分　類：落葉高木
花　期：4～5月
結実期：翌10月
樹　高：15～20m
分　布：本州（山形以西）～九州
漢字名：椚
別　名：コルククヌギ

どんぐりはクヌギ（P.70）とそっくり。
径1.8㎜とクヌギより少し小さく
鱗片も短いのが区別のポイントです。

アベマキ

ブナ科　*Quercus variabilis*

コルククヌギという別名の通り、幹の表面はコルク層になってひび割れる。葉縁の鋸歯の先は2㎜ほどの針状になる。雌雄異花で雌花は小さく、雄花はひも状。実は秋につくが、ふくらんで成熟するのは翌年の秋。木材は建築・器具材やシイタケの原木に使われる。

葉裏は白っぽくなる

花期
1
2
3
4
5
6
7
8
9
10
11
12

街路樹・公園樹

低い茂み状になることが多いハシバミ

セイヨウハシバミの雄花

ツノハシバミの実

分　類：落葉低木
花　期：3〜4月
結実期：9〜10月
樹　高：4〜5m
分　布：北海道〜九州
漢字名：榛
別　名：ヘーゼル

ハシバミの仲間

カバノキ科　*Corylus*

ツノハシバミの実は
実におもしろく楽しい形。
見かけるとちょっと興奮します。

黄

セイヨウハシバミの実

ハシバミの若葉は中央に茶色の斑が入ることが多い。近縁のセイヨウハシバミの実はヘーゼルナッツと呼ばれる。同じく近縁のツノハシバミの実は先が細い徳利(とっくり)型の苞(ほう)に包まれた独特の形。ヘーゼルナッツと同じく、ハシバミやツノハシバミも実を食用にする。

大きな葉は秋に黄葉する

モミジバスズカケノキの幹

分　類：落葉高木
花　期：4〜5月
結実期：10〜11月
樹　高：20m
原　産：西アジア・ヨーロッパ・北アメリカ
漢字名：鈴懸の木
別　名：プラタナス

新緑はやわらかな色合い

並木には独特の風情があり、ヨーロッパの街を旅している気分になります。

スズカケノキ

スズカケノキ科　*Platanus*

仲間には西アジア原産のスズカケノキ、北アメリカ原産のアメリカスズカケノキ、両者の交配種モミジバスズカケノキがある。日本の街路樹や公園樹としてもっとも多く使われているのはモミジバスズカケノキ。幹が白・ベージュ・灰色のまだらになるのも特徴で、葉がない時期にも見分けやすい。

名の由来となった鈴のような実

剪定をしなくても自然にこんもりと丸い姿にまとまる

雌花

雄花

分　類：常緑高木
花　期：4～5月
結実期：6～7月
樹　高：5～25m
分　布：関東～沖縄
漢字名：山桃
別　名：楊梅（ようばい）

ヤマモモ

ヤマモモ科　*Myrica rubra*

初夏の実はとてもおいしく、街路樹で見かけるとちょっと豊かな気分になる木です。

実は数個ずつまとまってつく

実はタネが大きく、食用できる部分は少ないが、やわらかくて甘酸っぱく、とてもおいしい。公園や街路樹として人気も高いが、肥料分をそれほど必要としないので、やせ地の砂防（さぼう）用として使われることも多い。樹皮は黄色の染料として利用される。雌雄異株。

防風用の生け垣仕立て

園芸品種'オウゴン'

分　類：常緑高木
花　期：4〜5月
結実期：11〜12月
樹　高：6〜10m
分　布：東北南部〜沖縄
漢字名：黐の木

白く緻密な木材は寄せ木細工や櫛、印材などにも使われる

モチノキ

モチノキ科　*Ilex integra*

堂々とした姿を生かして
庭のシンボルツリーに
使われているのもよく見ます。

春には淡黄色の小花が咲き、秋には赤く丸い実がたくさんつく。生育は遅めで落ち葉も出にくく、こまめな手入れをしなくてもきれいな樹形を長く保てるため、庭木としての人気も高い。塩害に強いのも特長。樹皮が鳥もちの材料になることが名の由来。雌雄異株。

実は径1㎝ほどで枝に長く残る

鮮やかな色の実が枝から鈴なりに垂れ下がる冬姿

熟した実と葉

分　類：落葉高木
花　期：4～5月
結実期：10～11月
樹　高：10～20m
分　布：本州～沖縄
漢字名：飯桐

イイギリ

ヤナギ科　*Idesia polycarpa*

鮮やかな赤色の実は鳥たちの大好物。
街路樹に鳥が集まる風景は
都会に優しさを与える気がします。

雄しべがよく目立つ雄花

キリ（P.116）と似た葉をご飯を包むのに使ったというのが名の由来。ナンテン（P.333）とよく似たたくさんの実が房のようについて垂れ下がる。実は落葉後も長く枝に残ることが多い。雌雄異株で、雄花・雌花とも花びらはないが、いずれもよい香りがする。

若い幹の表面はなめらか

大木は根元が板状に突き出る板根(ばんこん)になることも多い

分　類：常緑高木
花　期：4〜5月
結実期：7〜8月
樹　高：20〜30m
分　布：本州〜沖縄
漢字名：椨の木
別　名：犬楠(いぬぐす)

樹齢の高い巨木は関東地方に多く、中には幹の周囲が9mに及ぶ木も。各地で長く大切にされています。

タブノキ

クスノキ科　*Machilus thunbergii*

海沿いに多い。樹齢が高い木も多く、各地に天然記念物に指定される巨木がある。老木の木材は木目が渦模様になることから玉楠(たまぐす)と呼ばれて珍重される。新葉や実を支える柄の鮮紅色も美しい。タンニンを含む樹皮は八丈島の特産品・黄八丈(きはちじょう)の染料として利用される。

赤みを帯びた新葉と花

古い幹の樹皮

分　類：落葉高木
花　期：4〜5月
結実期：9〜10月
樹　高：15〜20m
分　布：本州〜沖縄
漢　名：椋の木

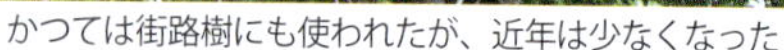

かつては街路樹にも使われたが、近年は少なくなった

ムクノキ

アサ科　*Aphananthe aspera*

熟した実はレーズンのような味。
甘い食べ物が少なかった時代には
さぞかし喜ばれたろうと思います。

熟した実は甘く、生で食べられる

エノキ（P.79）とよく似るが、葉の両面がざらつくこと、縁のギザギザ（鋸歯）が大きいこと、熟した実が黒いこと、古い木は樹皮が剥がれていることなどから区別できる。木材は強靭で、建築や造船、器具用材として使われる。葉はかつて漆器の素地磨きに使われた。

雄花

分　類：落葉高木
花　期：4〜5月
結実期：9月
樹　高：20〜25m
分　布：本州〜沖縄
漢字名：榎

旧水戸街道の府中（茨城県石岡市）に残る一里塚

現代に残る一里塚のエノキは
どれも実に美しく見事な姿。
今後も長く大事にしたい風景です。

エノキ

アサ科　*Celtis sinensis*

江戸時代、各街道の一里塚に植えられた木で、今も往時を偲ばせる大木が各地に残る。塚にこの木を植えたのは徳川家康だが、計画したのは織田信長だという。しっかりと太い幹の上に広がる枝葉は、旅人の疲れを癒やすのにふさわしい姿。葉は秋に黄葉する。

赤く熟した実は甘く食べられる

花期

1
2
3
4
5
6
7
8
9
10
11
12

アキニレは西日本に多く、沖縄地方まで分布する

ハルニレの樹皮

アキニレの樹皮

分　類：落葉高木
花　期：3～5月・9月
結実期：5～6月・11月
樹　高：20～30m
分　布：北海道～沖縄
漢字名：楡
別　名：エルム

街路樹・公園樹

ニレ

ニレ科　*Ulmus*

大木でもどこか優しい風情のエルム。
アイヌの神話に登場するなど、
北海道では特に親しまれています。

東日本に多いハルニレ

ニレの仲間は数種あるが、日本でニレと呼ぶときは春に花が咲くハルニレを指すことが多い。樹高は20m 以上になる。アキニレは樹高約 15 mとやや小さく、秋に開花する。全体の姿は似るが、樹皮の様子が異なる。葉縁にあるギザギザ（鋸歯（きょし））はハルニレのほうが鋭い。

黄

緑

夏の街路樹

枝ぶりが美しい冬姿

分　類：落葉高木
花　期：4月
結実期：10月
樹　高：20～25m
分　布：東北～九州
漢字名：欅

名は特に際立つという意味の古語「けやけし」に由来するという

空に向かって広がっていく枝は
街に伸びやかな雰囲気を
与えてくれる気がします。

ケヤキ

ニレ科　*Zelkova serrata*

芽出しの頃のやわらかな緑から秋の黄葉、落葉後の冬姿まで美しく、街路樹として各地で親しまれるほか、屋敷林としても古くから多用されてきた。枝が横に広がりにくいホウキ型樹形に改良された街路樹用の園芸種‘むさしの1号’などが、近年各地に広がりつつある。

樹齢が高いほど葉は小さめになる

花期
1
2
3
4
5
6
7
8
9
10
11
12

刈り込まれた生け垣仕立て

紅葉と若い実

分　類：落葉低木
花　期：4～6月
結実期：7～10月
樹　高：1～3m
分　布：関東～九州
漢字名：満点星躑躅、灯台躑躅

街路樹・公園樹

ドウダンツツジ

ツツジ科　*Enkianthus perulatus*

日本語の美しさを感じる
満点星という当て字が
小さな頃から大好きでした。

刈り込み仕立ての紅葉

ピンク
赤
白

自生地は限られた範囲の山地だが、花のかわいらしさや紅葉の美しさから各地に広く植栽される。名は灯台が変化したもので、葉をつけて立ち上がる枝を灯台に見立ててつけられた。漢字の満点星はたくさんの白い花を夜空にきらめく星に見立てて当てられた字。

ドウダンツツジ
白花が咲く基本種。花だけでなく、紅葉に緑の実が映える秋の姿も美しい

ベニドウダン
近畿～九州に自生する紅花種で、花の美しさから庭木としての人気が高い

サラサドウダン
花びらは白～淡紅色で先端から紅色の筋が入る。樹高も２～５ｍとやや大きめ

ツクモドウダン
ドウダンツツジの小型種（矮性種（わいせいしゅ））で、盆栽や鉢植えに向く種類

花が咲くとしなやかな枝が優雅に枝垂れる

葉は秋に黄葉する

分　類：落葉低木
花　期：4〜5月
樹　高：1〜2m
原　産：中国
漢字名：小手毬

コデマリ

バラ科　*Spiraea cantoniensis*

春にこの花が咲き始めると
庭全体がより明るくなって
春の盛りが来たことを実感します。

数十輪の花が集まって球状になる

ユキヤナギ（P.85）とよく似た小さな花を集めて半球形にしたような姿が愛らしい。名の由来は言うまでもなく、花の形が手毬に似ていること。中国原産だが江戸時代初期には日本に入ってきており、当時から切り花や園芸植物として広く親しまれていた。

秋には黄葉も楽しめる

ピンク花が咲く園芸種

分　類：落葉低木
花　期：3〜5月
樹　高：1〜2m
分　布：関東〜九州
漢字名：雪柳
別　名：小米花（こごめばな）

花の噴水のような姿から噴雪花（ふんせつか）と呼ばれることも

暖地ではサクラより早く咲きますが、
北国なら満開はほぼ同時だとか。
これはすごくうらやましい！

ユキヤナギ

バラ科　*Spiraea thunbergii*

純白の花があふれるように咲く姿は本当に美しく、春爛漫の風景に欠かせない花木として広く親しまれる。もともとは西日本の木だが、その美しさから東北〜北海道でも広く植えられる。近縁のシジミバナも姿はよく似るが、花が八重咲きで葉が丸い点が異なる。

花１輪は径８㎜ほどと小さい

花期
1
2
3
4
5
6
7
8
9
10
11
12

花は径約３㎝と小さいが、緻密な作りで存在感がある

紅色の花が咲く園芸品種 'ポートワイン'

分　類：常緑小高木
花　期：4〜6月
結実期：10〜11月
樹　高：3〜5m
原　産：中国
漢字名：唐種招霊
別　名：唐招霊（とうおがたま）、バナナツリー

街路樹・公園樹

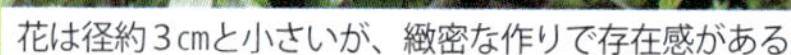

カラタネオガタマ

モクレン科　*Michelia figo*

香りがもっとも強いのは花が開き始めてから1日ほど。開ききると弱くなってしまいます。

花はカップ状に咲く

普段は地味な木だが、開花するとバナナのような濃く甘い香りが漂う。花びらはクリーム色で、内側と縁がほんのりとした紅紫色に縁取られる。オガタマノキの仲間で中国原産であることが名の由来。オガタマノキに代って神社に植えられていることも多い。

赤
黄

2枚の白い苞がつく花

分　類：落葉高木
花　期：4～5月
結実期：9～10月
樹　高：10～15m
原　産：中国
別　名：ハトノキ

原産地は中国南西部の冷涼な高山地帯

日本で最初に植えられたのは1958年。
場所は東京・小石川植物園です。
今はあちこちで見かけますね。

ハンカチノキ

ヌマミズキ科　*Davidia involucrata*

名の由来である白いハンカチに見えるのは花を包む2枚の苞（ほう）。正式な花はその中心にある径2㎝ほどの球状部分で、多数の雄花と1本の雌花の集合体になっている。苞には紫外線を吸収する成分が含まれており、花を保護する日傘の役割を持っている。

花の苞は葉より大きくなる

花期 1 2 3 **4** **5** 6 7 8 9 10 11 12

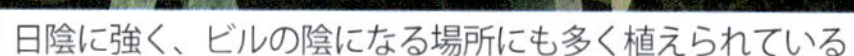
日陰に強く、ビルの陰になる場所にも多く植えられている

園芸品種'レインボー'

分　類：常緑低木
花　期：4〜5月
樹　高：約1.5m
原　産：北アメリカ
漢字名：亜米利加岩南天
別　名：セイヨウイワナンテン

アメリカイワナンテン

ツツジ科　*Leucothoe catesbaei*

花もかわいらしいのですが、一番の魅力はその葉色。日陰でも美しい葉色を楽しめます。

花はアセビ(P.216)によく似る

ナンテンと名はつくが、分類学的にはナンテン（P.333）との関係はない。枝は枝垂れるように茂り、低い茂み状になる。園芸品種がいくつか出回るが、もっとも多く出回るのは緑葉に淡黄と白の斑が入り、新葉が紅色になる園芸品種'レインボー'（ゴシキナンテン）。

白

できたばかりの虫えい

古く木化した虫えい

分　類：常緑高木
花　期：4～5月
結実期：10月
樹　高：20～25m
分　布：中部～沖縄
漢字名：柞の木
別　名：ヒョンノキ

緑や赤、黄色など、虫えいの色や形、大きさは様々

昔の子どもは古い虫えいで遊び、
大人は染料として利用したそうです。
暮らしの中の知恵ですね。

イスノキ

マンサク科　*Distylium racemosum*

この木を見分けるポイントは葉や枝にできたコブ。これはアブラムシの仲間が作るもので、虫(ちゅう)えい（ゴール）と呼ばれる。イスノキは虫えいが非常にできやすく、ない木を見つけるほうが難しい。別名は古い虫えいを吹くと出る「ヒョー」という音に由来する。

葉脈の上にできた赤い虫えい

リンゴ（P.224）やナシ（P.226）の花にもよく似ている

マルバシャリンバイ

ベニバナシャリンバイ

分　類：常緑低木～小高木
花　期：4～6月
結実期：10～12月
樹　高：1～4m
分　布：東北～沖縄
漢字名：車輪梅
別　名：タチシャリンバイ

シャリンバイ

バラ科　*Rhaphiolepis indica var. umbellata*

枝や葉は頑丈そうなのに、
花の姿は可憐で繊細。
花盛りが楽しみです。

花にはほのかな芳香がある

花がウメ（P.12）に似ること、枝や葉が1カ所から放射状につく（輪生（りんせい）する）ことが名の由来。排気ガスに強いため道路沿いに多く植えられるほか、もとは海辺の植物で潮にも強いので、防潮・防風用の生け垣に利用されることも多い。樹皮は大島紬（おおしまつむぎ）の染料に使われる。

熟して割れた実

潮風に強いため、沿岸部の防潮林や街路樹に多く使われる

分　類：常緑低木
花　期：4～6月
結実期：10～11月
樹　高：2～3m
分　布：東北中部～沖縄
漢字名：扉、海桐花

春の海辺で花の香りがしたら、
近くにこの花が咲いている証拠。
潮の香りに負けない甘い香りです。

トベラ

トベラ科　*Pittosporum tobira*

葉はつややかな皮質で固く、縁が裏向きにそり返るのが大きな特徴。咲き始めの花にはジャスミン（P.240）に似た香りがあるが、数日たつと甘くまろやかな香りに変化する。径 10 ～ 15 ㎜ほどの実は熟すと割れ、中から粘液に包まれた赤いタネが出てくる。雌雄異株。

白い花は数日たつと黄色がかる

花期
1
2
3
4
5
6
7
8
9
10
11
12

カナリーヤシは樹高10～20m。幹には葉の跡が模様で残る

カナリーヤシの花

分　類：常緑高木
花　期：主に4～6月
結実期：主に10～12月
原　産：熱帯～亜熱帯地方
別　名：パームツリー

街路樹・公園樹

ヤシの仲間

ヤシ科

優雅に葉を揺らす姿は眺めているだけで南国気分になりますね。

カナリーヤシの熟した実

沖縄などを除き国内で見られるのは一般の室内で育てられるような比較的寒さに強い小型種が多い。観光地や公園では高木も見かけるが、中でもカナリーヤシはフェニックスの名が広まるきっかけとなった木として知られる。雌雄異株で実が食べられるものも多い。

黄

フェニックス・ロベレニー（シンノウヤシ）
最高樹高約 5 mと小さめで鉢植えや庭木として使いやすい。実は食べられる

ココヤシ（ココスヤシ）
樹高約 20m。実（枠内）は約 10 か月かけて大きくなり、熟してココナツとなる

テーブルヤシ
樹高 1～2 mと非常に小型で、ミニ観葉としても多く出回る。雌雄異株

アレカヤシ
原産地では高木になるが、一般には 2m ほどの鉢物として出回ることが多い

天然記念物に指定される巨樹・老樹も数多い

花は径約５㎜と小さい

新葉は紅色を帯びる

分　類：常緑高木
花　期：5～6月
結実期：11～12月
樹　高：20m
分　布：関東～九州
漢字名：楠、樟
別　名：クス

クスノキ

クスノキ科　*Cinnamomum camphora*

春は古い葉が一斉に落ちる時期。大木が庭にあると落ち葉掃除が大変です。

葉は三叉に分かれた葉脈が目立つ

『古事記』に登場するなど古くから親しまれる。飛鳥時代を代表する仏像である国宝百済観音像（くだらかんのんぞう）はこの木の一本造り。長命なものが多く、中には樹齢千年を超える木もある。樹木全体に芳香があり、樹皮は防虫剤（樟脳（しょうのう））の材料として古くから使われている。

花は小さく目立たない

実はプロペラ型の翼果

分　類：落葉高木
花　期：5月
結実期：8〜10月
樹　高：10〜15m
分　布：東北〜九州
漢字名：目薬の木
別　名：長者の木

写真はまだ若い木だが、自生では10mを超す高木になる

昔の人は樹皮の薬効を
どうやって知ったのでしょう。
経験から来る知恵でしょうか。

メグスリノキ

ムクロジ科　*Acer maximowiczianum Mig.*

モミジやカエデ類の仲間（P.54）に入る。葉の形はモミジ類とは大きく異なるが、実は確かにモミジの仲間とわかる形。樹皮を煎じた汁で目を洗うと眼の疲れや眼病に効くと言われることが名の由来。葉や花の柄が細かい毛で覆われているのも大きな特徴。雌雄異株。

秋は紅葉が美しい

葉は日本海側など寒地では大きく、太平洋側ではやや小さい

新芽は紅色になる

雪国の樹皮は白っぽい

分　類：落葉高木
花　期：5月
結実期：9～10月
樹　高：約30m
分　布：北海道南部～九州
漢字名：山毛欅、橅

ブナ

ブナ科　*Fagus crenata*

現代は純粋なブナ林が減っており、世界遺産に登録される白神山地(しらかみさんち)は最後の天然林として知られます。

葉は長さ4～9㎝で脈が平行する

日本の山地を構成する主要な樹木。保水力が強いブナ林は水源としても非常に重要とされる。木材は薪や細工物に利用される。市街地では公園や植物園以外でこの木を見ることは少ないが、早春の新葉や秋の黄葉も美しい。花や実がつくのは1～2年おきになることが多い。

葉は長さ４～10㎝

両性花がつく木と雄花だけがつく木がある

分　類：落葉高木
花　期：5月
結実期：8～10月
樹　高：25～30m
分　布：長野・愛知・岐阜・長崎（対馬）
別　名：ナンジャモンジャ

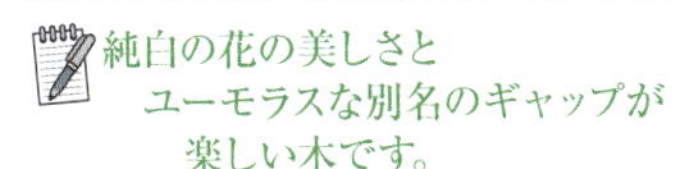

ヒトツバタゴ

モクセイ科　*Chionanthus retusus*

別名のナンジャモンジャのほうが有名かもしれない。これはこの木が各地に植えられ始めた当時、まだ名が知られておらず、「よくわからない木」と呼ばれたことに由来する。古くからある自生樹は、環境省が指定する絶滅危惧Ⅱ類に分類される希少種でもある。

花は繊細な作りでなかなか美しい

葉は幅広いが葉脈が分岐せず、分類上は針葉樹の仲間になる

独特のつき方をする葉

分　類：常緑高木
花　期：5～6月
結実期：10月
樹　高：約20m
分　布：本州～沖縄
漢字名：梛

ナギ

マキ科　*Podocarpus nagi*

葉の向きが一段ずつ変わるという
特徴を覚えておけば
まちがえることはない木です。

まだ若い実。熟すと茶色になる

葉は２枚ずつ対称につき、一段ごとに90度向きが変わるのが大きな特徴。熊野神社では古くから神木とされ、和歌山県新宮市の熊野速玉大社（くまのはやたまたいしゃ）には推定樹齢千年の巨樹がある。また名が海の凪（なぎ）に通じることから、船員は枝や葉をお守りとして携えるそうだ。雌雄異株。

花期

1
2
3
4
5
6
7
8
9
10
11
12

小花が集まって咲く

分　類：落葉小高木
花　期：5～6月
結実期：9～11月
樹　高：5～8m
分　布：関東～沖縄
漢字名：権萃
別　名：ゴゼノキ

実が熟し始めた初秋の姿

街路樹・公園樹

秋の実はとてもスタイリッシュ。
鮮やかな赤につややかな黒、
なんとも粋な配色です。

ゴンズイ

ミツバウツギ科　*Euscaphis japonica*

花は淡緑色でそれほど目立たないが、実がついた姿はとても華やかで、秋になると急に存在感を増す。実は熟すと赤い皮が割れ、ツヤのある黒いタネが１～２個現れる。若い幹は灰色がかるが、年月を経ると黒っぽくなり、縦に細かい割れ目が入る。葉は羽状複葉。

タネは割れた皮の縁につく

緑

花期
1
2
3
4
5
6
7
8
9
10
11
12

実は径5～8㎜と小さいが、1本の木につく数はとても多い

キミノクロガネモチ

黄金クロガネモチ

分　類：常緑高木
花　期：5～6月
結実期：11～1月
樹　高：5～20m
分　布：東北南部～沖縄
漢字名：黒鉄黐
別　名：フクラモチ

街路樹・公園樹

クロガネモチ

モチノキ科　*Ilex rotunda*

白い幹、緑の葉、赤い実の鮮やかさ。見るたびに色バランスがいい木だなと思います。

赤い実が晩秋の街に色を添える

白

剪定(せんてい)を繰り返してもよく茂り、排気ガスにも強いため、街路樹として各地で広く使われる。モチノキ（P.75）の仲間で、若い枝の色が黒っぽいことが名の由来。幹は灰白色だが、若く細い枝は紫紅色を帯びる。雌雄異株。花は雄花・雌花とも径約4㎜とごく小さい。

実の形はやや楕円形

分　類：常緑高木
花　期：5〜6月
結実期：10〜11月
樹　高：6〜12m
分　布：東海〜九州
漢字名：七実の木
別　名：ナナメノキ

雄花は数十輪が集まってつき、雌花は数輪ずつつく

野山にある木は樹高が高いことが多いので
葉を目で確認するのが難しいことも。
そんな時は根元で落ち葉を探します。

ナナミノキ

モチノキ科　*Ilex chinensis*

同じモチノキの仲間であるモチノキ（P.75）やクロガネモチ（P.100）とよく似るが、こちらの葉は長さ9~12 ㎝と細長く葉縁に浅いギサギザ（鋸歯）があること、花が紫色をしていることが区別のポイント。木材は器具や食器、印鑑などに使われる。雌雄異株。

初夏に咲く花は紫色。写真は雄花

大きくつややかな葉が茂る

葉は長さ10〜17cm

分　類：常緑高木
花　期：5〜6月
結実期：10〜11月
樹　高：10〜20m
分　布：関東南部〜九州
漢字名：多羅葉
別　名：紋付柴（もんつきしば）

タラヨウ

モチノキ科　*Ilex latifolia*

しっかりと厚く大きな葉は
まるで小型のハガキのよう。
確かに字を書くのにぴったりです。

実は晩秋に赤く熟す

葉の裏を楊枝などで引っ掻くと黒い跡が残る。これを利用すると文字を書くことができるため、昔インドの僧侶が葉を写経に使ったという多羅樹（たらじゅ）（ヤシ科ウチワヤシ）になぞらえて名がついた。寺院の境内に植えられていることも多い。雌雄異株。

若葉は食用になる

分　類：常緑高木
花　期：5〜6月
結実期：9〜10月
樹　高：8〜10m
分　布：北海道〜九州
漢字名：青膚、青肌

炒った葉はお茶の代用として使われることもある

葉の裏をよく見ると、
葉脈に沿って細毛が生えた
ちょっとおもしろい作りです。

アオハダ

モチノキ科　*Ilex macropoda*

樹皮表面は暗い灰色だが、薄くやわらかな樹皮を剥ぐと出てくる幹の内部は緑色をしており、それが名の由来となった。雌雄異株。花は雌雄どちらも緑がかった白色で、径4〜5㎜の小さな五弁花（まれに四弁花）が数輪ずつまとまってつく。葉は秋に黄葉する。

花と実は葉のつけ根につく

ベニバナトチノキの街路樹

セイヨウトチノキの花

セイヨウトチノキの実

分　類：落葉高木
花　期：5〜6月
結実期：9〜10月
樹　高：20〜30m
分　布：北海道中部〜九州
漢字名：栃の木

トチノキの仲間

ムクロジ科　*Aesculus*

実の形も区別のポイント。
日本のトチノキは丸い実ですが、
輸入種の実にはトゲがあります。

ベニバナトチノキの花

タネを食用にするトチノキは日本固有種だが、近縁種にはヨーロッパ原産のセイヨウトチノキ（マロニエ）、北アメリカ原産のアカバナトチノキ、その２つの雑種であるベニバナトチノキなどがある。街路樹で見かけるのはセイヨウトチノキとベニバナトチノキが多い。

実は径1～1.5㎝ほど

ベニバナヤマボウシ

分　類：落葉高木
花　期：4～5月
結実期：9～10月
樹　高：5～15m
分　布：本州～沖縄
漢字名：山法師
別　名：ヤマグワ

自然にきれいな扇形の樹形になる。写真はベニバナヤマボウシ

熟した実の味は濃くて美味。
マンゴーやパパイヤに似ています。
おいしそうな街路樹 NO.1です。

ヤマボウシ

ミズキ科　*Cornus kousa*

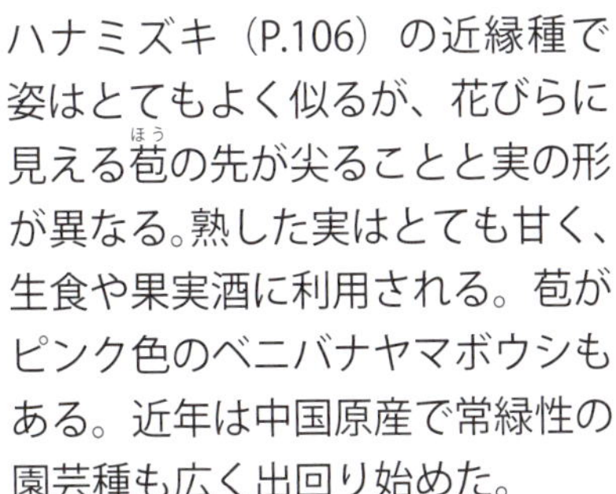
ハナミズキ（P.106）の近縁種で姿はとてもよく似るが、花びらに見える苞の先が尖ることと実の形が異なる。熟した実はとても甘く、生食や果実酒に利用される。苞がピンク色のベニバナヤマボウシもある。近年は中国原産で常緑性の園芸種も広く出回り始めた。

葉に斑が入る園芸品種'ウルフアイ'

この花が咲く道は雰囲気が明るくなる。そこが大きな魅力だ

斑入葉の園芸品種‘レインボー’

苞の中心で咲く花

分　類：落葉小高木~高木
花　期：4~5月
結実期：9~10月
樹　高：5~15m
原　産：北アメリカ
漢字名：花水木
別　名：アメリカヤマボウシ

ハナミズキ

ミズキ科　*Cornus florida*

花の開き方は独特で、
2枚ずつ、まるで風呂敷包みを
ほどくように開きます。

紅葉の頃、実は熟して赤くなる

花びらに見える部分は正しくは苞（ほう）。花はごく小さく、中央部分に集まって咲く。1915年に桜を寄贈した返礼としてアメリカ政府から贈られた60本が日本最初の木。うち1本は東京都立園芸高校内に残っているが、ほかはすべて第二次大戦中に伐採などで失われた。

‘ホワイトキャッチ’
径約 12 ㎝の大輪花が咲く園芸品種。葉も少し大きめになる

‘オーロラ’
ハナミズキとヤマボウシ（P.105）の交配種（ステラ系）の代表的な園芸品種

‘ピグミー’
全体が小型の園芸品種。生長はとても遅く、鉢植えに向いている

‘ミス・ウェルティー・ジュニア’
濃ピンクの大輪花が咲く園芸品種。ウェルティジュニアと呼ばれることも多い

花期
1
2
3
4
5
6
7
8
9
10
11
12

街路樹・公園樹

公園樹や街路樹のほか防風林・防火林にも使われるマテバシイ

スダジイの雄花

分　類：常緑高木
花　期：5〜6月
結実期：翌11月
樹　高：スダジイ約30m、マテバシイ約15m
分　布：東北〜九州
漢字名：椎

シイの仲間

ブナ科

ふわふわとしたシイの雄花は時に樹木全体を覆い尽くすほど。まるで木が金の衣を着たようです。

市街地の街路樹で多く見かけるのはスダジイとマテバシイ。スダジイの雄花は明るい淡黄色のひも状（穂状花序）で8〜12㎝と大きく、開花時は遠くからでもよく目立つ。マテバシイの花も同じくひも状だが5〜9㎝とスダジイより短く、枝垂れず立ち気味になる。

1年かかって熟したスダジイのどんぐり

黄

マテバシイの花と前年のどんぐり
数本の雄花序と１本の雌花序が同じ枝につく。手前は前年にできた若いどんぐり

マテバシイのどんぐり
どんぐりはついた年は小さいままで、翌年の夏を過ぎてから大きくなる

早春の花にはなぜ黄色が多い？

自然界の花の色には、季節によってちょっと偏りがあることにお気づきでしょうか。たとえば早春の花には黄色が多いこと。この時期は日射しがまだ弱いために、木は光を吸収しやすい黄色の花を多く咲かせるのです。仲春を過ぎて陽射しがやや強くなり始めると、サクラの薄紅色のような少し薄い色の花が多くなります。陽射しが強く照りつける夏は日焼けを防ぐために光を反射させる白っぽい色の花が増え、再び陽射しが弱まる秋には濃い色の花が増えます。もちろん品種改良で作られた園芸品種はこの限りではありませんが、季節による花色の違いには植物が進化する過程で得た生存のための知恵が詰まっているのです。

若葉は食用になり、木材も器具材ほかに広く利用される

幹から出たトゲ

分　類：落葉高木
花　期：5〜6月
結実期：10〜11月
樹　高：15〜20m
分　布：中部〜九州
漢字名：皁莢、皀莢

サイカチ

マメ科　*Gleditsia japonica*

目印は幹から飛び出る鋭いトゲ。どうしてこんなところにトゲが？ といつも不思議に思います。

実のサヤは20〜30cmと長い

枝や幹には短いトゲが出る。トゲが鋭いため個人宅の庭木にされることは少ないが、寺社の境内で見ることは多い。実にはサポニンが含まれ、サヤを水に浸して揉むと出るぬめりを利用し、かつては石鹸の代用とした。実やトゲは生薬の材料にもなる。葉は羽状複葉。

実は長く枝に残る

分　類：落葉高木
花　期：5〜6月
結実期：10〜12月
樹　高：5〜30m
分　布：四国〜沖縄
漢字名：梅檀
別　名：オウチ

実はかつて子どもたちが鉄砲遊びに使ったそうだ

古くから仏教との関わりが深い木。
実を放生会の千団子に見立て
名がついたという説も。

センダン

センダン科　*Melia azedarach*

公園樹のほか、お寺に植えられることが多い木。枝が上部に広がって茂る傘のような樹形は心地よい緑陰を作るのにぴったりだ。樹皮や葉、実は生薬になり、木材は家具材に使われる。諺の「梅檀（せんだん）は双（ふた）葉（ば）より芳（かんば）し」はビャクダン科の植物を指し、本種とは関係がない。

淡い紫色の花にはほのかな香りがある

固い葉はいかめしい雰囲気だが、花の姿はとても優美

近縁のキミガヨラン

分　類：常緑低木
花　期：5〜6月、
　　　　10〜11月
樹　高：2〜3m
原　産：北アメリカ
漢字名：厚葉君が代蘭
別　名：ユッカ

アツバキミガヨラン

キジカクシ科　*Yucca gloriosa*

固い葉の先は鋭く尖り、
まるで天を突く剣のよう。
触るのがちょっと怖い気がします。

秋の花はやや紅色を帯びる

名前のアツバは葉が固く厚いことに由来。キミガヨは学名のgloriosa（栄光あるの意）が『君が代』を連想させるとしてつけられたもの。近縁のキミガヨランやイトランも姿は似るが、葉がやわらかい点が異なる。明治中期に渡来。公園に多く植えられている。

幹は細め

分　類：常緑小高木
花　期：5〜6月
結実期：10〜11月
樹　高：7〜15m
原　産：ニュージーランド
漢字名：匂棕櫚蘭
別　名：コルディリネ

直立する細い幹の上に多数の葉がまとまってつく

ニオイシュロラン

キジカクシ科　*Cordyline australis*

姿がシュロ（P.122）に似ること、香りのよい花が咲くことが名の由来。その名の通り花には芳香があるが、強くはないので離れているとわかりにくい。葉が赤紫色の園芸品種‘アトロプルプレア’もあり、洋風花壇のシンボルツリーとして使われていることが多い。

花にはほのかな芳香がある

初夏に白い花が咲き、秋には赤い実がつく

サンゴミズキ

分　類：落葉高木
花　期：5～6月
結実期：10～11月
樹　高：10～20m
分　布：北海道～九州
漢字名：水木
別　名：クルマミズキ

ミズキ

ミズキ科　*Cornus controversa*

遠目でも見分けやすい独特の枝ぶりは
花が咲いている時期なら
よりはっきりとわかります。

秋の黄葉も美しい

遠くからこの木を見ると、枝が水平な段に分かれていることがわかる。これはほかの木にはない大きな特徴。水分が多く、春に枝を切ると樹液が滴るほどというのが名の由来。近縁には白い実がつくシラタマミズキ、冬枝が鮮やかな赤になるサンゴミズキなどがある。

実も房になってつく

分　類：落葉小高木
花　期：5〜6月
結実期：8〜9月
樹　高：6〜15m
分　布：北海道〜九州
漢字名：白雲木
別　名：大葉萵苣（おおばちしゃ）

花房を白い雲に見立てたのが名の由来

優美な姿の花房は
初夏の席を彩る
茶花としても使われます。

ハクウンボク

エゴノキ科　*Styrax obassia*

エゴノキ（P.287）の近縁で姿は似るが、花が房咲きになること、葉がエゴノキの倍ほどの大きさで葉裏が白く、葉縁にギザギザ（鋸歯（きょし））があることが異なる。老木の幹は樹皮が縦に剥がれていることが多い。近縁には全体がやや小柄で花の房が短いコハクウンボクもある。

房咲きになる花は長さ10〜20㎝

軽く木目が美しい木材は優れた家具材としても有名

葉も長さ15〜25㎝と大型

実は熟すと割れる

分　類：落葉高木
花　期：5〜6月
結実期：9〜11月
樹　高：8〜15m
原　産：中国
漢字名：桐

キリ

キリ科　*Paulownia tomentosa*

紫色の花を見るのが楽しみで
花が咲き始める初夏になると
近所のキリの木巡りをします。

長さ5〜6㎝と大きなラッパ型の花

生長が早いことで広く知られる木。住宅街の中でも屋根を越す高木に育っていることが多く、遠くからでもよく目立つ。花は淡い紫色で大きく、大きな房となって咲く。実の中には数千個のタネが入っており、熟すと自然に割れてタネが周囲に散らばる。

アブラギリ

トウダイグサ科　*Vernicia cordata*

分　類：落葉高木
花　期：5〜6月
結実期：10〜11月
樹　高：8〜16m
分　布：本州〜九州
漢字名：油桐

タネから桐油(とうゆ)が採れることから名がついた。街路樹などで多く見かけるのは中国原産でやや大きめ径３〜４㎝の花が咲く近縁種シナアブラギリ。

アブラギリの花は径2㎝ほど

高木なので花は確認しづらいですが、白くきれいな五弁花が咲きます。

ハナイカダ

ハナイカダ科　*Helwingia japonica*

分　類：落葉低木
花　期：4〜6月
結実期：7〜10月
樹　高：1〜3m
分　布：北海道南部〜九州
漢字名：花筏

花実が葉の上に乗る、なんとも不思議な姿が印象的。雌雄異株で、黒く熟した実はかすかに甘く食べられる。若葉も山菜として利用される。

雌花は1〜2輪、雄花は2〜3輪ずつつく

初めて見たときは「ああこれが！」と思いました。まさに名前通りの姿。

花期
1
2
3
4
5
6
7
8
9
10
11
12

オニグルミは材木が堅牢で家具材としても人気が高い

オニグルミの花

シナサワグルミの若い実

分　類：落葉高木
花　期：5～6月
結実期：10月
樹　高：8～20m
分　布：北海道～九州
漢字名：胡桃

街路樹・公園樹

クルミの仲間

クルミ科　*Juglans*

木になった実を初めて見たときは
ナッツとして見慣れたクルミの姿と
大きく違うことにびっくりしました。

オニグルミの実は大きい

仲間は数多いが、このうち日本で食用のために栽培されるのは、テウチグルミ、オニグルミ、ヒメグルミなど。いずれも食べられるのは実の中にあるタネ部分。近縁のシナサワグルミの実は小さく食用にならないが、樹姿が美しいため街路樹や公園樹に使われる。

緑

雄花は雄しべが突き出す

花は大きな花序になる

分　類：落葉高木
花　期：5〜7月
結実期：10〜11月
樹　高：約15m
原　産：沖縄・中国
漢字名：青桐

実は熟したあとも長く枝に残り、遠くからでもよく目立つ

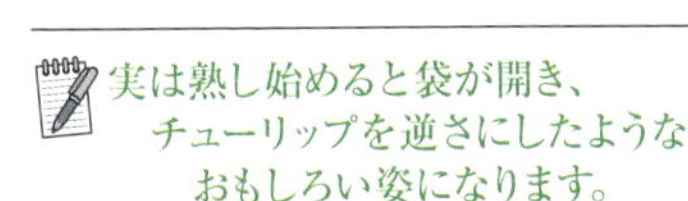

実は熟し始めると袋が開き、
チューリップを逆さにしたような
おもしろい姿になります。

アオギリ

アオイ科　*Firmiana simplex*

樹皮が緑色で葉の形がキリ（P.116）に似ていることが名の由来だが、キリとは別科の植物。大きな葉は日陰を作るのにぴったりで生長も早いため、街路樹や公園樹に多用される。実は3〜5枚の皮に分かれた袋状で熟す前に割れ、それぞれの皮にタネが数個ずつつく。

実は青いうちに割れる

西日本では街路樹として多く使われ、広く親しまれる

紅葉とタネ

分　類：落葉高木
花　期：5〜7月
結実期：10〜11月
樹　高：10〜15m
原　産：中国
漢字名：南京黄櫨

ナンキンハゼ

トウダイグサ科　*Triadica sebife*

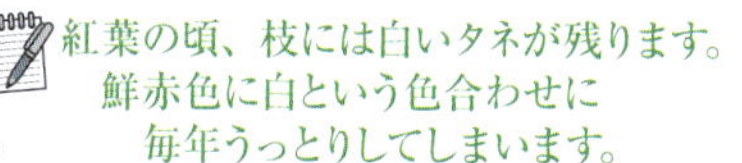

紅葉の頃、枝には白いタネが残ります。
鮮赤色に白という色合わせに
毎年うっとりしてしまいます。

街路樹は樹高を低く仕立てられる

明るい橙紅色の紅葉が最大の魅力。西日本に多い木で、九州では野生化していることもある。花は黄緑色の数十輪がひも状（穂状花序）になる雄花とその根元につく１〜３個の雌花に分かれる。落葉後には白いロウ質の皮に包まれたタネが残る。葉は染料になる。

ハゼノキの実

ヤマウルシの紅葉

晩秋、鮮やかな赤になる紅葉が美しい

分　類：落葉小高木
花　期：5〜6月
結実期：10〜11月
樹　高：7〜10m
分　布：関東〜沖縄
漢字名：黄櫨の木
別　名：ハゼ、
　　　　琉球ハゼ

ヤマウルシほどではないですが、ハゼノキも肌の弱い人が樹液に触れるとかぶれることがあります。

ハゼノキ

ウルシ科 *Toxicodendron succedaneum*

実の皮からロウを採るため古くから栽培されており、これらが野生化したものも多いと言われる。近縁のヤマウルシは樹液に触れるとひどくかぶれる。姿はよく似るが、ハゼノキの葉は無毛、ヤマウルシの葉には細毛が生えていることで区別できる。雌雄異株。

ハゼノキの花

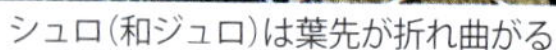
シュロ（和ジュロ）は葉先が折れ曲がる

幹は繊維で覆われる

分　類：常緑高木
花　期：5〜6月
結実期：10〜11月
樹　高：5〜10m
（シュロ）
8〜10m
（トウジュロ）
漢字名：棕櫚

シュロ

ヤシ科　*Trachycarpus*

幹を覆う繊維は箒や縄、実は薬用になり、葉は草履や帽子、木材は建築材と、すべてが暮らしの役に立ちます。

葉先が折れないのはトウジュロ

日本原産のシュロ（和ジュロ）と中国原産のトウジュロがある。シュロは葉が長く、先が折れて垂れ下がっていることが多い。トウジュロは葉がやや小さく、葉先も折れない。どちらも雌雄異株。幹は葉のさや部分が古くなった繊維（シュロ皮）で覆われる。

雄花(上)と雌花(下)

分　類：常緑低木
花　期：6〜8月
結実期：10月
樹　高：2〜6m
分　布：九州南部〜沖縄
漢字名：蘇鉄

和風庭園に使われることも多い

タネを包む胞子葉(ほうしよう)の炎を思わせる形が好きで、ずっと眺めていても飽きません。

ソテツ

ソテツ科　*Cycas revoluta*

乾燥に強く、掘りあげた苗を数日放置しても枯れないほど。寒さには弱いので、本州以北では冬、寒さよけに藁の胴巻きが施されることが多い。タネは有毒だが毒抜きをすれば食用になり、奄美大島や沖縄では熟成させてソテツ味噌(アンダンスー)を作る。雌雄異株。

胞子葉(ほうしよう)に包まれるタネ

花期
1
2
3
4
5
6
7
8
9
10
11
12

沖縄県本部町(もとぶちょう)備瀬(びせ)のフクギ並木

自然の樹形

分　類：常緑高木
花　期：5〜6月
結実期：9〜10月
樹　高：10〜20m
分　布：沖縄
漢字名：福木

街路樹・公園樹

フクギ

フクギ科　*Garcinia subelliptica*

樹皮や枝葉は鮮やかな黄の染料になり、沖縄名産の琉球紅型にも使われています。

花は径1.5cmと小さくかわいらしい

黄

熱帯〜亜熱帯の木なので本州以北で見ることは少ないが、沖縄では街路樹や生け垣、防風林に多く使われるなど、とてもポピュラーな存在。長さ10〜15㎝の大きく厚い葉は強い陽射しをしっかり遮り、心地よい木陰を作る。葉は黄色の染料として使われる。雌雄異株。

花期
1
2
3
4
5
6
7
8
9
10
11
12

葉は半纏に似た形

斑入り葉の園芸種

公園などの広い場所では堂々とした大木になる

分　類：落葉高木
花　期：5～6月
結実期：10月
樹　高：10～50m
原　産：北アメリカ
漢字名：百合の木
別　名：半纏木（はんてんぼく）、チューリップツリー

街路樹・公園樹

ユリノキ

樹高が高く花を間近に見るのは難しいけれど、地面に散った花びらで開花を知ることも多い木です。

モクレン科　*Liriodendron tulipifera*

和名のユリノキ、英名のチューリップツリーは花の姿に由来する。別名の半纏木（はんてんぼく）は葉の形が半纏に似ているとしてつけられたもの。やはり葉の形から、奴凧（やっこだこ）の木、軍配（ぐんばい）の木と呼ばれることもある。花びらは淡黄緑色で、底部近くに橙赤色の斑紋が入る。

花はチューリップに似た形

黄

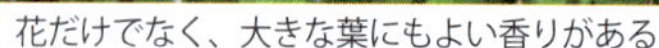
花だけでなく、大きな葉にもよい香りがある

樹皮は薬用に使われる

分　類：落葉高木
花　期：5〜6月
結実期：9〜11月
樹　高：20〜30m
分　布：北海道〜九州
漢字名：朴の木
別　名：朴柏（ほおがしわ）

ホオノキ

モクレン科　*Magnolia obovata*

一輪の花の寿命は3日間。
花びらは朝開き、夕方に閉じます。
香りがもっとも強いのは2日目の花。

紅白の雄しべが開く2日目の花

モクレン（P.30）やタイサンボク（P.127）の近縁で、花のつくりはよく似ているが、こちらの花は径15㎝以上ととても大きい。香りのよい葉は料理を包む素材としても使われ、朴葉味噌（ほおばみそ）でもおなじみ。木材はやわらかで狂いが少なく、建築や版木、下駄などに利用される。

熟しかけの実

分　類：常緑高木
花　期：6〜7月
結実期：10〜11月
樹　高：10〜20m
原　産：北アメリカ
漢字名：泰山木
別　名：白蓮木（はくれんぼく）

近縁種には樹高数mのヒメタイサンボクもある

濃い緑の葉上にふわりと乗るような
白い花を見つけるのが楽しみで
初夏はつい上を向いて歩きがち。

タイサンボク

モクレン科　*Magnolia grandiflora*

高木なので花を間近に見る機会は少ないが、直径12〜15㎝の大きな花は、まろやかな白い色でよい香りがある。花びらは6枚だが、同じ色の萼（がく）が3枚あるため9枚に見える。厚く固い葉の表面はつややかだが、裏面はフェルトのような毛が密生し、薄茶色に見える。

開花1日目は雌しべだけが開く

花期
1
2
3
4
5
6
7
8
9
10
11
12

名はエンジュに似ることと枝にトゲがあることに由来する

黄緑葉の園芸品種‘フリーシア’

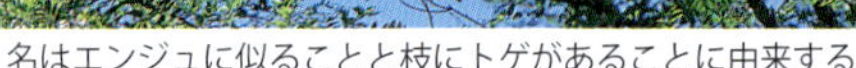

分　類：落葉高木
花　期：5〜6月
結実期：12月
樹　高：15〜25m
原　産：北アメリカ
漢字名：針槐
別　名：ニセアカシア

街路樹・公園樹

ハリエンジュ

マメ科　*Robinia pseudoacacia*

蕾を天ぷらにすると
ほのかな甘味と香りが楽しめます。
葉は食べられないので要注意！

芳香のある花は食用にもなる

和名はハリエンジュ、別名はニセアカシアだが、エンジュ（P.129）やアカシア（P.190）とは無関係。花は蜜が多く、蜜蜂の蜜源としても知られる（採れた蜜はアカシア蜂蜜と呼ばれる）。繁殖力が非常に強いため、外来生物法により今後の分布抑制が検討されている。

白

若い実

幹

分　類：落葉高木
花　期：7～8月
結実期：12月
樹　高：約20m
原　産：中国
漢字名：槐

満開の花の淡い色彩は街を優しい風情にしてくれる

エンジュの花が終わる頃の路面は
散り敷いた花が絨毯のよう。
上をそっと歩くのが楽しみです。

エンジュ

マメ科　*Styphonolobium japonicum*

関東周辺では街路樹として特に多く利用されている。同じく街路樹に利用されるハリエンジュ(P.128)と似るが、こちらは花が淡いクリーム色で開花が夏であること、実のサヤにくびれがあること、枝にトゲがないことから区別できる。花は蜜源としても知られる。

花はクリーム色で中心に黄がさす

葉は厚く、光にかざしても葉脈が透けない

ツヤのある葉が対生する

実は秋に黒く熟す

分　類：常緑小高木
花　期：6月
結実期：11～1月
樹　高：5～8m
分　布：関東～沖縄
漢字名：鼠黐

ネズミモチ

モクセイ科　*Ligustrum japonicum*

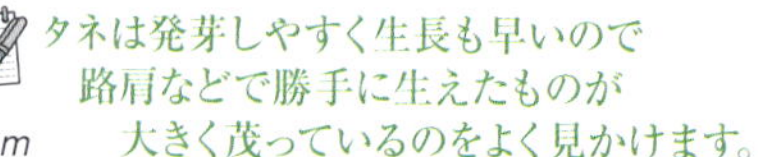

葉がモチノキ（P.75）に、実がネズミの糞に似ているというのが名の由来。葉が密に茂り刈り込みに耐えるので生け垣仕立てに向く。近縁のイボタノキ（P.286）にも似るが、こちらは葉が常緑で厚くツヤがあることで区別できる。近縁には葉や花房が大きめのトウネズミモチがある。

花には強い香りがある

花期
1
2
3
4
5
6
7
8
9
10
11
12

ピンク花が咲く園芸種

分　類：常緑～半常緑低木
花　期：6～12月
樹　高：1～2m
別　名：花園衝羽根空木（はなぞのつくばねうつぎ）

生育が旺盛で花期が長いことから生け垣に使われることも多い

街路樹・公園樹

花が散ったあとに残る萼はほんのりとした紅色で、花に負けない美しさです。

アベリア

スイカズラ科　*Abelia×grandiflora*

中国原産の花木を元に作られた交配種。重なり合いながら茂る細い枝先に筒型の可憐な花がたくさんつき、街路樹や公園樹として高い人気を誇る。乾燥や排気ガスにも強いため、高速道路沿いに植えられることも多い。寒冷地では冬に落葉することもある。

花にはかすかな芳香がある

ピンク
白

花期 1 2 3 4 5 **6** **7** 8 9 10 11 12

甲子園球場の壁面を彩ることでも広く知られるナツヅタ

ヘンリーヅタの紅葉

分　類：落葉つる性木本
花　期：6〜7月
結実期：10月
原　産：アジア・北アメリカ
漢字名：蔦

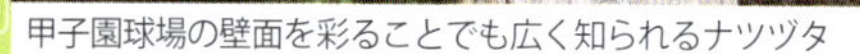

ツタ

ブドウ科　*Parthenocissus*

受粉した花が花びらと雄しべを落とす時、軽やかに降る雨のようなとても心地よい音がします。

バージニアヅタ（別名アメリカヅタ）

キヅタ（P.170）と混同されることも多いが、ツタという和名は正式にはこの落葉性のブドウ科のものを指す。仲間はアジア〜北アメリカに15種あり、秋の紅葉が美しいものが多い。もっとも多く見かけるのは日本・中国原産のツタで、ナツヅタの別名で広く知られる。

街路樹・公園樹

緑

穂状になる雄花

近縁種オオバアカメガシワ

分　類：落葉高木
花　期：6〜7月
結実期：9〜10月
樹　高：5〜10m
分　布：東北〜沖縄
漢字名：赤芽柏

黄色の雄花が満開になっている

春、枝先に出る
新葉の鮮やかな赤色で
名前を覚えた人も多いはず。

アカメガシワ

トウダイグサ科　*Mallotus japonicus*

新葉が赤色で葉がカシワ（P.68）のように大きいことが名の由来。昔は葉を食物を載せる器として使ったため、五菜飯（ごさいば）、飯盛菜（めしもりば）と呼ばれた。実は多数のトゲに包まれており、熟すと割れて黒いタネが飛び出す。若葉は食用に、樹皮は生薬に使われる。雌雄異株。

出たばかりの幼い葉は赤みがかる

花期

1
2
3
4
5
6
7
8
9
10
11
12

イヌツゲの葉は互い違いに出る互生の性質を持つ

園芸種マメツゲ

園芸種キンメイヌツゲ

分　類：常緑低木～高木
花　期：6～7月
結実期：10～11月
樹　高：2～15m
分　布：本州～九州
漢字名：犬黄楊

街路樹・公園樹

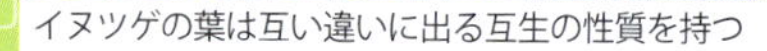

イヌツゲ

モチノキ科　*Ilex crenata*

西洋庭園に多いトピアリーは1本の木を刈り込んで仕立てます。高度な技術も見どころです。

1本の木を刈り込んだトピアリー

黄

ツゲ（P.26）とよく似るが、こちらはモチノキ科で、葉が互い違いにつくことが大きな違い。葉が密に茂るので、任意の形に刈り込んだトピアリーなど、さまざまに仕立てられる。葉がより小さなマメツゲ、葉色が明るいキンメイヌツゲなど園芸種も多い。雌雄異株。

チョウセンゴミン

マツブサ科　*Schisandra chinensis*

分　類：落葉つる性木本
花　期：6〜7月
結実期：10月
分　布：北海道〜中部
漢字名：朝鮮五味子

名はタネに五味（甘苦酸辛鹹＝塩辛い）があることに由来。雌雄異株。花の中心部は雌花は緑の小球状、雄花は雄しべのみ。実房は長さ5〜6㎝。

花は径1㎝と小さいがよい香りがする

遠くから見るとサネカズラ（P.369）に似ていますが、こちらの実は房状です

アダン

タコノキ科　*Pandanus odoratissimus*

分　類：常緑小高木
花　期：6〜8月
結実期：11〜12月
樹　高：2〜8m
分　布：口之島〜沖縄
漢字名：阿檀

パイナップルに似た実は冬に赤〜橙色に熟し外側がポロポロと取れる。かつてはこれを食用とした。地域によっては茎も食用にする。雌雄異株。

別名はシマタコノキ。実は径15〜20㎝ほど

支柱根を出して立つ姿はまさに南国。マングローブ（P.27）に混じって生えていることも。

公園などに多く植えられているアメリカキササゲは白い花が咲く

アメリカキササゲ

キササゲの若い実

分　類：落葉高木
花　期：6～7月
結実期：9～10月
樹　高：5～10m
原　産：中国
漢字名：木大角豆

キササゲ

ノウゼンカズラ科　*Catalpa ovata*

もっとも印象深いのはその実。
30cmほどにもなる長い実の束が
樹上から房のように垂れ下がります。

キササゲの花は淡黄色

日本にはかなり古い時代に薬用植物として渡来し、現在も実を利尿効果のある生薬として利用する。名は実が１年草のササゲに似ていることに由来。湿った場所を好む木で、川のそばなどで野生化していることもある。アメリカキササゲは北アメリカ原産の近縁種。

アメリカリョウブ

分　類：落葉小高木〜高木
花　期：6〜8月
結実期：10〜11月
樹　高：8〜10m
分　布：北海道南部〜九州
漢字名：令法
別　名：畠賦（はたつもり）

ほのかに甘く香る花は、蜂蜜の蜜源としても知られる

一見地味な木ですが、
白い花には清涼感があり、
夏の茶花として親しまれます。

リョウブ

リョウブ科　*Clethra barbinervis*

古い樹皮は剥がれやすく、幹がナツツバキ（P.338）やサルスベリ（P.362）に似たまだら模様になることが多い。葉は食用になり、茹でた若葉を混ぜた令法飯（りょうぶめし）が各地で食べられるほか、乾燥させ保存食にもする。近縁のアメリカリョウブには華やかな園芸品種も多い。

小花が多数集まって穂状に咲く

花期 1 2 3 4 5 **6** **7** 8 9 10 11 12

「珊瑚のように美しい実をつける木」というのが名の由来

小花が多数集まって咲く

若葉は色が明るい

分　類：常緑小高木～高木
花　期：6～7月
結実期：9～11月
樹　高：5～15m
分　布：関東南部～沖縄
漢字名：珊瑚樹

街路樹・公園樹

サンゴジュ

スイカズラ科　*Viburnum Ker Gawl. var. awabuki*

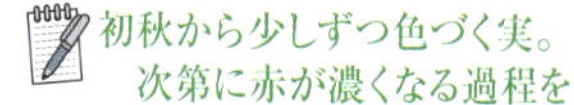
初秋から少しずつ色づく実。次第に赤が濃くなる過程を秋の散歩の楽しみにしています。

赤く色づいた実をつけた秋の姿が最大の魅力だが、たくさんの白い小花が紅色の花軸の先に咲く初夏の姿も美しい。つややかで厚い葉は排気ガスにも強いため、街路樹として広く使われる。強風や火にも強いため防風林や防火林に使われることも多い。

実は完熟すると黒くなる

白

葉柄は赤みがかる

分　類：常緑高木
花　期：6～7月
結実期：10～11月
樹　高：10～15m
分　布：関東南部～沖縄
漢字名：木斛

幹は堅く、樹皮は灰色でなめらか。木材は建築材になる

生長が遅く樹形を保ちやすいので、生け垣にしたり日本庭園に植えられることも多い木です。

モッコク

ツバキ科　*Ternstroemia gymnanthera*

自然では10mを超す高木だが、市街地では樹高が抑えられていることが多い。耐火性があり、風や潮にも強いため、防風林・防火林・防潮林として利用される。肉厚の葉と紅色がかる葉柄(ようへい)も特徴。実は赤く熟すと果皮が割れ、中から赤いツヤのあるタネが出てくる。

熟して割れた実

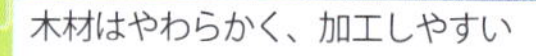
木材はやわらかく、加工しやすい

若葉には赤い托葉（たくよう）がつく

分　類：落葉高木
花　期：6〜7月
結実期：9〜10月
樹　高：8〜20m
分　布：北海道〜九州
漢字名：科の木

シナノキ

アオイ科　*Tilia japonica*

花には独特の甘酸っぱい香りがあります。街中でふと香りに気づくとこの木が満開になっていることも。

花柄のつけ根には大きな苞がつく

樹皮は科布（しなぬの）や紙の素材、木材は建材、花は蜜源になるなど、重要な有用樹である。特に長野はシナノキを多く産したと言われ古くから関わりが深い。信濃（しなの）の古い表記は「科野」だが、これはシナノキに由来するという説があり、県内には科（しな）がつく地名が今も多く残る。

セイヨウボダイジュの花

樹皮の割れ目はやや深い

分　類：落葉高木
花　期：6～7月
結実期：9～10月
樹　高：8～10m
原　産：中国
漢字名：菩提樹
別　名：リンデンバウム

ボダイジュは臨済宗の開祖・栄西が日本に持ち込んだと言われる

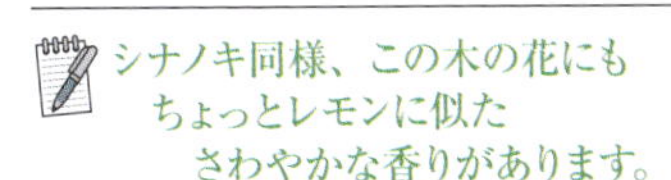
シナノキ同様、この木の花にも
ちょっとレモンに似た
さわやかな香りがあります。

ボダイジュ

アオイ科　*Tilia miqueliana*

シナノキ（P.140）の近縁で、姿はとてもよく似ている。主な種類には中国原産のボダイジュと、シナノキの雑種である園芸種セイヨウボダイジュなどがある。ボダイジュは寺院に植えられていることが多く、街路樹に使われるのはセイヨウボダイジュが多い。

セイヨウボダイジュの実

花色は土壌の酸度で変化するが、変わらないものもある

両性花

装飾花

分　類：落葉低木
花　期：主に6～7月
樹　高：1～2m
原　産：主に日本
漢字名：紫陽花

アジサイの仲間

アジサイ科　*Hydrangea*

毎年梅雨を心待ちにしてしまうのは
この花があるからこそ。
雨に映える花木です。

セイヨウアジサイの園芸品種'ピンクダイヤモンド'

花に見えるのは正式には萼(がく)で、装飾花(そうしょくか)と呼ばれる部分。ガクアジサイの中心部にあるのが正式な花（両性花(りょうせいか)）である。交配で作られたセイヨウアジサイの多くは装飾花しかなく、実はできない。世界中で親しまれる園芸種の多くは日本の野生種を元に作られたもの。

ヤマアジサイ

北海道〜九州に分布する大きなグループで、数多くの種類がある

'ウズアジサイ'

ガクアジサイを元に作られた園芸種で古くから親しまれる。別名オタフクアジサイ

'隅田(すみだ)の花火'

発表時は大きな話題になった園芸品種。今も高い人気を誇っている

'スプリングエンジェル'

群馬県で作られた冬〜春咲きの園芸品種。常緑で冬も葉が落ちない

カシワバアジサイ
北アメリカ原産の園芸種。葉がカシワ（P.68）に似る。八重咲き種もある

‘アナベル’
アメリカの野生種がオランダで大輪に改良されてできた園芸品種

ベニガク
ヤマアジサイの園芸種で江戸時代から栽培される。紅色の装飾花が美しい

アマチャ
関東〜中部に分布するヤマアジサイの変種。灌仏会（かんぶつえ）の甘茶はこの葉から作る

ナナカマドの西洋種

ホザキナナカマド

分　類：落葉高木
花　期：6〜7月
結実期：9〜10月
樹　高：6〜10m
分　布：北海道〜九州北部
漢字名：七竈

この木材から作る備長炭は極上品として知られる

この木の街路樹を初めて見たのは北海道函館市。冬の陽に輝く赤い実が印象的でした。

ナナカマド

バラ科　*Sorbus commixta*

材木は堅くて緻密。名の由来は「竈(かまど)で7回焼いても燃え残る」ほか数説がある。暑さに弱いため西日本には少ないが、北海道や東北では街路樹や庭木として広く親しまれる。ニワナナカマド（別名チンシバイ）と呼ばれるのは、近縁種ホザキナナカマドの仲間になる。

数十輪の花がまとまってつく

花期

1
2
3
4
5
6
7
8
9
10
11
12

街路樹・公園樹

純白の花びらは開花から日がたつと黄色を帯びてくる

クチナシの実

分　類：常緑低木
花　期：6～7月
結実期：11～12月
樹　高：1～3m
分　布：関東～沖縄
漢字名：梔子
別　名：ガーデニア

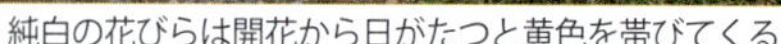

クチナシ

アカネ科　*Gardenia jasminoides*

上品でありながらどこか官能的な
この花の香りのすばらしさは
何物にも代え難い魅力です。

クチナシの花は径5～6cm

基本種は一重咲きだが、小型種や八重咲き種など数種のバラエティがある。開花が始まるのは夜で、日中より夜間のほうが香りは強い。お節(せち)料理のきんとんや沢庵(たくあん)の染料として知られる実は一重咲きのクチナシにできるもの。八重咲き種には実がつかない。

黄
白

コクチナシ（写真は斑入り葉種）
花は径 3 ～ 8 ㎝と小輪で、株全体も小型。ほかに緑葉種もある

ヤエクチナシ
観賞用に作られた園芸種。花径は 5 ～ 6 ㎝で八重咲きになる

オオヤエクチナシ
花径 8 ～ 10 ㎝の大輪園芸種。クチナシの仲間でもっとも華やかな雰囲気を持つ

黄花クチナシ
始めは純白だが数日で黄変し、最後はオレンジ色に近くなる。一重咲きもある

公園や緑道沿いにも多く植えられるビヨウヤナギ

コボウズオトギリの花

コボウズオトギリの実

分　類：半常緑低木
花　期：6〜7月
結実期：9〜10月
樹　高：約1m
原　産：中国
別　名：オトギリソウ

ヒペリカムの仲間

絹のような光沢がある花びらは
雨の中でも輝くような美しさ。
水滴に揺れる枝も風情があります。

オトギリソウ科　*Hypericum*

キンシバイの斑入り葉園芸種

ビヨウヤナギ、キンシバイをはじめとするヒペリカムの仲間は、梅雨時に鮮やかな黄色の美しい花を咲かせることで人気の花木。庭木としても多く利用される。花は小さめだが実が大きく美しいコボウズオトギリにもたくさんの園芸品種があり、多彩な実の色がある。

ビヨウヤナギ
漢字名は未央柳。径４～６㎝の大きな花が咲く。花びらより長い雄しべが特徴

キンシバイ
漢字名は金糸梅。カップ状に咲く花は径３～４㎝。枝は立ち上がり気味になる

'ヒドコート'
キンシバイの園芸品種。花はキンシバイよりやや大きく、花色もやや濃い

コボウズオトギリ
漢字名は小坊主弟切。写真は赤い実がつくタイプ

花期
1
2
3
4
5
6
7
8
9
10
11
12

暑さに強い反面、寒さに弱く、北海道～東北には少ない

薄ピンク花の園芸種

赤花の園芸種

分　類：常緑低木～小高木
花　期：6～9月
樹　高：3～5m
原　産：インド
漢字名：夾竹桃

街路樹・公園樹

キョウチクトウ

夏休みで思い出すのはこの花。
私が育った長崎では
平和を象徴する花でした。

キョウチクトウ科 *Nerium indicum*

全体に毒性があるので注意が必要

江戸時代から庭木として親しまれる。排気ガスや大気汚染に強いため、高速道路沿いや工場地帯に植えられることも多い。広島・長崎では原爆投下後も枯れずに花を咲かせ続けたため、両市では戦後復興の象徴的存在でもある。日本ではほとんど実がつかない。

ピンク
赤
黄
白

葉の柄にはトゲがある

サンゴシトウ

分　類：落葉低木～小高木
花　期：6～9月
樹　高：約6m
原　産：南アメリカ
漢字名：亜米利加梯梧
別　名：デイゴ、海紅豆（かいこうず）

アメリカデイコ

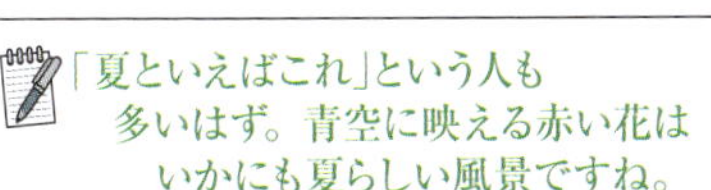
「夏といえばこれ」という人も多いはず。青空に映える赤い花はいかにも夏らしい風景ですね。

アメリカデイコ

マメ科　*Erythrina crista-galli*

真っ赤な花の美しさで江戸時代から庭木として親しまれる。樹高約4mと小柄なサンゴシトウはアメリカで作られた園芸品種。沖縄や小笠原列島にはインド原産のデイコが多く、街路樹として親しまれる。デイコは分類上は落葉樹だが、暖地では落葉しないことが多い。

アメリカデイコの花

花期
1
2
3
4
5
6
7
8
9
10
11
12

ゆるやかに枝垂れる枝が秋らしい。写真はミヤギノハギ

園芸種シラハギ

秋には黄葉する

分　類：落葉低木
花　期：6〜10月
結実期：10〜11月
樹　高：1〜3m
分　布：北海道〜九州
漢字名：萩

街路樹・公園樹

ハギの仲間

マメ科　*Lespedeza*

遙か千年の昔から
日本人に好まれてきた
秋の詩情あふれる花です。

紫
ピンク
白

もっとも多く植えられるミヤギノハギ

古くから秋の野を彩る花として親しまれる。秋の七草のひとつとしてもおなじみ。中国にも自生するが日本ほどは愛でられないようで、日本人の感性に合う花ということだろう。『万葉集』にはハギの歌が140首以上あり、もっとも多く詠まれた花となっている。

マルバハギ
葉は楕円形で先端は尖らない。花は長さ1～1.5㎝で8～10月に開花

ツクシハギ
本州～九州に分布。葉は楕円形で先がやや凹む。花は長さ1～1.5㎝

キハギ
葉は長楕円形。花は長さ約1㎝以下と小さく、やや早咲きになる

江戸絞り（えどしぼり）
ヤマハギの園芸品種。白地に紅紫色の絞り模様が入る花が美しい

ケハギ
本州の日本海側に分布。花は長さ 1.3〜1.5 ㎝とハギの仲間ではもっとも大きい

ヤマハギ
葉は楕円形。花は長さ約1〜1.3 ㎝。花の柄は葉より長い。 7〜9月に開花する

ニシキハギ
西日本に多い。花は長さ1〜1.5 ㎝。ミヤギノハギに似るが、枝はあまり枝垂れない

ヤクシマハギ
株は小柄で、鉢植えにすることが多い。やや早咲きで、開花は6月頃から

銅葉の園芸品種‘サマーチョコレート’

メキシコ原産の近縁種カリアンドラ（別名ヒネム）

分　類：落葉高木
花　期：7月
結実期：9〜10月
樹　高：約10m
分　布：本州〜沖縄
漢字名：合歓木

葉の上に綿毛が載ったような姿はこの木独特

初夏の午後、ふんわりと風に揺らぐ
優しい色の花を眺めていると
いつの間にか眠くなる気がします。

ネムノキ

マメ科　*Albizia julibrissin*

名は眠る木という意味で、日が暮れると葉が閉じる性質に由来してつけられたもの。花は梅雨から真夏にかけて開花する。花びらは長さ数㎜とごく小さく、たくさんの長い雄しべだけが目立つ。実はタネを包む長さ10〜15㎝ほどのサヤ状で、落葉後も長く枝に残る。

中南米原産の近縁種ギンゴウカン（別名ギンネム）

九州〜沖縄など暖地では街路樹として使われることが多い

幹と若い枝

分　類：常緑高木
花　期：7〜8月
結実期：11〜2月
樹　高：10〜15m
分　布：関東南部〜沖縄
別　名：モガシ

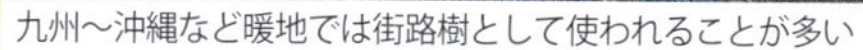

ホルトノキ

ホルトノキ科　*Elaeocarpus zollingeri*

姿はヤマモモ（P.74）と似ていて
街路樹の名札がまちがっていることも。
紅葉の有無が目印になります。

実は冬に黒く熟す。写真は若い実

名の由来は「ポルトガルの木」が転じたもの、かつてオリーブ油のことをほると油と呼んだが、この木をオリーブ（P.296）と誤認してつけられたなど諸説ある。朱赤色の葉がついていることも多いが、これは古い葉が紅葉したもの。樹皮や葉は黒色の染料になる。

葉は手のひら形になる

全体の香りは弱いが、花はやや強めに香る

分　類：落葉低木
花　期：7〜8月
結実期：8〜9月
樹　高：2〜3m
原　産：地中海沿岸
漢字名：西洋人参木
別　名：バイテックス、チェストベリー

漢方薬と桜餅を合わせたような花の香りはちょっと独特。開花するとすぐにわかります。

セイヨウニンジンボク

シソ科　*Vitex agnus-castus*

名は葉がチョウセンニンジンの葉と似ているとしてついたもの。株全体にほのかな芳香がある。花は薄紫色のほか、薄紅や白もある。実にはコショウに似た風味があり、バイテックス、チェストベリーの名でホルモンバランスを整えるハーブとして知られる。

シソ科らしい形の花が咲く

花は朝開いて夕方にはしぼむ一日花

秋の紅葉

分　類：落葉低木
花　期：7～8月
結実期：10～11月
樹　高：1～3m
分　布：関東南部～奄美大島
漢字名：浜朴

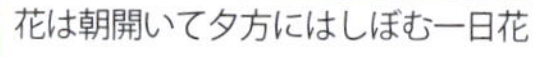

ハマボウ

アオイ科　*Hibiscus hamabo*

海辺といえばこの花。明るい黄色の花と青い海はとてもよく似合います。

1輪の大きさは径5～10cmほど

ハイビスカス（P.363）の仲間で花の作りはよく似ている。海の近くに防潮・防風のために植えられていることも多い。自生の分布は奄美大島以北だが、以南の屋久島から沖縄にかけては花が大輪で中心部の暗赤色部分が大きな近縁種オオハマボウが自生する。

若い実

分　類：落葉小低木
花　期：7〜9月
結実期：11〜1月
樹　高：30〜70㎝
分　布：本州〜沖縄
漢字名：浜栲

枝が這う性質を生かし、砂留めに利用されることも多い

夏の海へ遊びに行く時は
群れ咲くこの花を見るのも
楽しみのひとつになっています。

ハマゴウ

シソ科　*Vitex rotundifolia*

海辺に自生する海浜植物。枝は砂地を低く這うように伸びる。全面にやわらかな微毛が生えたフェルトのような質感を持つ葉と淡い青紫色の花の取り合わせが美しい。葉は秋に紅葉する。株全体にさわやかな芳香があり、古くは香の材料にした。実は薬用に使われる。

花は枝から立ち上がるように咲く

花期
1
2
3
4
5
6
7
8
9
10
11
12

細枝が多数立ち上がる涼やかな姿が夏によく似合う

熟して割れた実

八重咲き園芸種

分　類：落葉低木
花　期：7〜10月
結実期：10〜11月
樹　高：3〜4m
原　産：中国
漢字名：木槿
別　名：ハチス

街路樹・公園樹

ムクゲ

アオイ科　*Hibiscus syriacus*

フヨウ（P.161）の仲間で青味を帯びた花色を持つのはムクゲだけ。青花好きにはそこが一番の魅力です。

紫
ピンク
赤
白

宗旦（そうたん）は底が赤い白花

一日花と思われがちだが、開閉を繰り返しながら1輪が数日咲き続けることも多い。細枝がたくさん出てよく茂るので、生け垣にも向く。花や樹皮は生薬に、幹の繊維は製紙に使われる。韓国の国花としても知られるが、韓名「無窮花（ムグンファ）」が和名の由来という説がある。

実は細毛に覆われる

スイフヨウ

分　類：落葉低木
花　期：7～10月
結実期：10～11月
樹　高：1～4m
分　布：四国・九州・沖縄
漢字名：芙蓉

生長は早く、春から出た枝葉が夏には大きく茂る

薄い花びらの大輪花を見ると、
真夏の暑さも吹き飛びます。
白い花は特に涼しげですね。

フヨウ

アオイ科　*Hibiscus mutabilis*

径10～15㎝の花は朝開いて夕方にはしぼむ一日花。寒い地方では冬に地上部が枯れることも多いが、春になると再び新芽を出して枝葉を茂らせる。園芸品種スイフヨウは、咲き始めは白く、しぼむ頃には紅色になる花色を酒に酔った顔に例えて名がついた。

花色には白・ピンク・赤などがある

若い幹にはたくさんの鋭いトゲがある

カラスザンショウ

ミカン科　*Zanthoxylum ailanthoides*

分　類：落葉高木
花　期：7〜8月
樹　高：5〜15m
分　布：本州〜沖縄
漢字名：烏山椒
別　名：アコウザンショウ

同属のサンショウ（P.237）と似るが、全体はずっと大型。羽状葉は短くて30cm、長いものは80cmになる。葉や若芽を食用にする。雌雄異株。

この花から採れる蜂蜜はほのかにサンショウの香りがするそうです。

花色には個体差がある。写真の花はやや薄め

ムラサキナツフジ

マメ科　*Callerya reticulata*

分　類：常緑つる性木本
花　期：7〜8月
結実期：10〜11月
原　産：熱帯アジア
漢字名：紫夏藤
別　名：醋甲藤（さっこうふじ）

花房が上向きになって咲く姿は草本植物のクズに似る。実は長いサヤ状になって垂れる。接ぎ木や挿し木で樹高を低く仕立てた盆栽も多い。

夏の陽射しに映える鮮やかな色とともに醋甲という文字のおもしろさも印象的。

花一輪は径1㎝ほど

未熟な若い実

花は幹の上部につくので、近くで見るのはなかなか難しい

分　類：落葉高木
花　期：7～8月
結実期：10月
樹　高：10～15m
分　布：本州の日本海側・宮城・長野
漢字名：木欒子
別　名：センダンバノボダイジュ

英名はゴールデンレインツリー。
無数の小さな花を
金の雨粒に見立てたのでしょうか。

モクゲンジ

ムクロジ科　*Koelreuteria paniculata*

夏に咲く花は細かく見ると繊細なつくり。生長後はかなり大きくなるため一般家庭の庭に植えられることは少ないが、公園や寺院では見かけることがある。小さな袋がつくさんついたような実は秋に褐色に熟したあとも長く枝に残る。黒く丸いタネは数珠に加工される。

小花が多数集まり大きな花序になる

春に出た新芽も夏には大きく葉を広げて花を咲かせる

幹や枝にはトゲが多い

分　類：落葉低木
花　期：8～9月
結実期：9～10月
樹　高：2～5m
分　布：北海道～九州
漢字名：楤木

タラノキ

ウコギ科　*Aralia elata*

鋭いトゲに気をつけながら
芽を採るのは春だけの楽しみ。
採取のマナーも大事にしましょう。

新芽を食用にする

春の新芽は山菜タラの芽として親しまれるが、近年はすべての芽を切り取ったり幹ごと切る悪例が増え、野生の木が枯死する例が増えている。芽の採取は年１回、株全体の一部にとどめるのがマナー。幹にトゲがない変種メダラには、葉縁に斑が入る園芸品種もある。

葉の軸には翼がある

高速道路沿いなどで野生化していることも多い

分　類：落葉小高木
花　期：7〜9月
結実期：10〜11月
樹　高：3〜7m
分　布：北海道〜沖縄
漢字名：白膠木
別　名：フシノキ

春夏はあまり目立たない木ですが、
秋の紅葉はとてもきれい。
明るく鮮やかな朱赤色です。

ヌルデ

ウルシ科　*Rhus javanica*

若い幹は紫褐色に小さな斑点が入るが、年を経ると縦の割れ目ができ、古い幹は灰色がかる。葉は羽根のような形（羽状複葉（うじょうふくよう））で小葉の軸には翼（よく）がある。葉のつけ根に大きな虫コブができていることも多い。名はかつて樹液を塗料としたことに由来する。雌雄異株。

花は夏の暑い盛りから咲き始める

刈り込めばさまざまな樹形が楽しめる

ギンモクセイの実

ヒイラギモクセイの葉

分　類：常緑小高木
花　期：10月
樹　高：3〜6m
原　産：中国
漢字名：金木犀

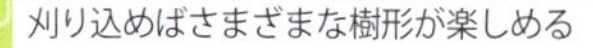

キンモクセイの仲間

モクセイ科　*Osmanthus fragrans*

毎年10月に入った頃、
ある日突然その香りに気づいて
秋を実感します。

誰もが知る花の香りは秋の風物詩

キンモクセイ、ウスギモクセイはギンモクセイの変種。キンモクセイは雌雄異株で日本にある株のほとんどは雄株のため実がつかないと言われるが、詳細はよくわかっていない。葉がヒイラギ（P.382）に似るヒイラギモクセイはギンモクセイとヒイラギの雑種である。

ギンモクセイ
キンモクセイに比べると香りは弱い。実は秋に黒紫色に熟す。雌雄異株

ウスギモクセイ
ギンモクセイの変種。葉がやや細く香りもやや弱い。実は秋に黒紫色に熟す

花の香りを楽しむ散歩

香りのよい花をつける木はたくさんありますが、その香りをより楽しむには、散歩の時間を夜や早朝にしてみることをおすすめします。昼間は人や車の移動が多く空気がかき回されますが、夜間〜明け方は空気の移動が静まるため、花の香りも長くひとところに留まり、より濃く感じられます。クチナシは昼間でも強い香りを放ちますが、空気が静まる夜間はその香りが一層濃くなり、近づくと目眩(めまい)がしそうなほど。ウメも夜間のほうがその馥郁(ふくいく)とした香りをより楽しめます。花の多くは咲き始めにもっとも強く香ります。朝に開き始める花の香りを楽しむなら早朝、ジャスミンの仲間など夜間に開花が始まるものなら、夕方から夜の散歩がおすすめです。

花期
1
2
3
4
5
6
7
8
9
10
11
12

日本では明治時代から親しまれているコニファーの仲間

大量の花粉を出す雄花

できたばかりの若い実

分　類：常緑高木
花　期：10～12月
結実期：翌10～12月
樹　高：20～50m
原　産：ヒマラヤ地方
別　名：ヒマラヤシーダー

ヒマラヤスギ

マツ科　*Cedrus deodara*

松ぼっくりは熟すとすぐに鱗片が落ち
きれいな丸ごとはまず拾えません。
小さい頃は憧れの松ぼっくりでした。

球果は長さ6～13㎝と大型

名にスギとつくがマツ（P.244）の仲間であり、葉は松葉状。美しい円錐形の姿は公園や庭園のシンボルツリーとして人気が高い。高木だが根張りがやや浅く、台風などで倒れやすいという難点もある。熟した球果の上部はバラの花に似た形でシダーローズと呼ばれる。

黄

雄花

分　類：常緑高木
花　期：10～11月
結実期：翌10～11月
樹　高：10～15m
分　布：東北中部～沖縄
漢字名：白椨
別　名：シロタブ

海辺に多く自生。防風林・防潮林に使われることも多い

葉裏が白いことに加え、
秋に花が咲くということでも
覚えやすい木です。

シロダモ

クスノキ科　*Neolitsea sericea*

名は葉裏が白っぽいロウ質に覆われていることに由来する。花は秋に咲き、花後にできる実は翌年の秋に熟すので、花と熟した実が同時に見られる珍しい木。実は径1.2～1.5㎝ほどで熟すと赤くなる。雌雄異株。実が黄色に熟す近縁種キミノシロダモもある。

熟した実。奥はつぼみがついた枝

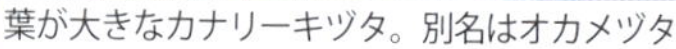

葉が大きなカナリーキヅタ。別名はオカメヅタ

キヅタの花と蕾

分　類：常緑つる性木本
花　期：10～12月
結実期：翌5～6月
原　産：ヨーロッパ～北アフリカ
漢字名：木蔦
別　名：冬蔦（ふゆづた）

キヅタ

ウコギ科　*Hedera*

セイヨウキヅタの一種、ヘデラ・ヘリックスの園芸品種は主なものだけでも数百種。世界中にコレクターがいます。

セイヨウキヅタの園芸品種'ピッツバーグ'

世界各地に数種類の仲間があるが、日本で多く見るのはカナリア諸島・北アフリカ原産のカナリーキヅタとヨーロッパ原産のセイヨウキヅタ（イングリッシュアイビー）。どちらもつるの途中から気根（きこん）を出し、壁面や周囲の樹木に張りつきながら這い登り、範囲を広げる。

‘グレイシャー’（セイヨウキヅタ）
アメリカで作られた園芸品種でもっとも広く出回る斑入り葉種。葉はやや小さめ

‘ブリムストン’（セイヨウキヅタ）
アメリカで作られた園芸品種で、全体に淡緑色の斑が散り、葉の縁がやや波打つ

‘ゴールドチャイルド’（セイヨウキヅタ）
葉に黄斑が入る園芸品種。直射日光にあてると色があせるので注意

サギティフォリア（セイヨウキヅタ）
葉は鳥の足型。つるの伸びが旺盛で吊り鉢仕立てなどにも向く

実から採った油はカタシ油と呼ばれる

分　類：常緑小高木
花　期：11～3月
結実期：9月
樹　高：5～6m
分　布：山口県・四国・九州～沖縄
漢字名：山茶花

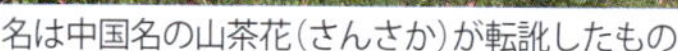
名は中国名の山茶花（さんさか）が転訛したもの

サザンカ

ツバキ科　*Camellia sasanqua*

雄しべは花粉や蜜を多く出します。もしも蜜蜂が冬に活動できたらサザンカの蜂蜜ができるでしょう。

散るときは花びらがばらばらになる

近縁のツバキ（P.194）とよく似るが、開花期が異なり、花のつくりも大きく違う。ツバキの花は雄しべが合体した筒型だが、サザンカは１本ずつ離れている。花びらがばらばらに散ることも区別のポイント。ツバキとサザンカの雑種はハルサザンカと呼ばれる。

‘群胡蝶’
静岡で発見・発表されたカンツバキの園芸品種。小〜中輪で開花は11〜12月

台湾ヒメサザンカ
芳香のある花を咲かせる台湾原産種。一重咲き極小輪。開花は2〜4月

‘丁子車’
江戸中期から知られる園芸品種。一重咲き小輪。開花は10〜12月

‘勘次郎’
カンツバキ系品種で現在もっとも多く栽培される。中〜大輪で開花は12〜2月

寒い地方では冬に落葉することも多い

枝先につく花

分　類：常緑低木
花　期：11～12月
結実期：2～3月
樹　高：2～5m
原　産：台湾・中国南部～インドシナ
漢字名：紙八手
別　名：通脱木（つうだつぼく）

カミヤツデ

ウコギ科　*Tetrapanax papyriferus*

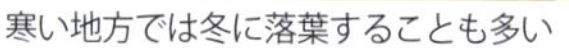
繁殖力が強く、巨大な葉が陰を作って周囲の植物を弱らせることから駆除が問題になる場合も。

葉の裏面は毛が密でビロード状になる

ヤツデ（P.377）に似た大きな葉は径50㎝以上になることも。葉の柄や裏には白い綿毛が生える。本来は暖地の植物だが、近年は関東でも沿岸部などで見かけることがある。名に紙がつくのは、かつて幹の中の髄（ずい）を製紙材料とするために栽培されたことに由来する。

幹

分　類：落葉高木
花　期：12～翌4月
結実期：翌10月
樹　高：10～20m
分　布：北海道～沖縄
漢字名：榛の木
別　名：ハリノキ

夏はたくさんの葉が茂り、気持ちのよい緑陰を作る

冬、枝からたくさんの
ひものような花が垂れている木。
これを覚えればすぐ見つかります。

ハンノキ

カバノキ科　*Alnus japonica*

開花期は葉が出始める前の冬。暖地では12月頃から開花が始まる。花には雌雄があり、長い棒状に垂れ下がるのが雄花。雌花は雄花がついている枝の途中につくが、小さくあまり目立たない。湿った場所を好むので、公園では池のほとりに植えられていることが多い。

枝先に数本ずつつく雄花

高木になるカマルドレンシス種。通称はリバーレッドガム

マクロカルパ種の花

分　類：常緑高木ほか
原　産：オーストラリア
別　名：ガムツリー

ユーカリの仲間

フトモモ科　*Eucalyptus*

蕾についている蓋は
萼と花びらが変化したもの。
蓋が落ちると開花です。おもしろい！

赤い花の左に見えるのは蓋付きの蕾

ユーカリはフトモモ科ユーカリノキ属に属する樹木の総称。姿を楽しむものや葉の芳香を楽しむものなど、種類はとても豊富。大きさや形は種類によって異なる。芳香のある葉から採る精油には殺菌・鎮静などの作用があり、薬用として広く使われる。

ポポラス（ポリアンテモス種）
ハート型の葉がつく。枝は花材として生花店に出回ることが多い

レモンユーカリ（シトリオドラ種）
枝や葉に生える細かい毛に強いレモンの香りがある

アップルユーカリ（ブリジシアナ種）
さわやかな香り。樹皮がリンゴに似るのが名の由来。通称アップルボックス

ポプルネア種
やや大きめの葉がつく。枝は花材として生花店に出回ることが多い

花期
1
2
3
4
5
6
7
8
9
10
11
12

複数の品種を組み合わせて造るコニファーガーデン

コノテガシワの園芸品種
‘コレンスゴールド’

分　類：常緑低木～高木

コニファーの仲間

多彩な樹形･葉色を組み合わせ
オリジナルの風景を造ることこそ
コニファーガーデンの醍醐味です。

アメリカハイビャクシンの園芸品種
枝が低く這う匍匐型‘ウィルトニー’

コニファーとは針葉樹類の総称だが、一般には庭園で観賞するための針葉樹の園芸種群を指す。マツ科、スギ科、ヒノキ科をはじめとする多くの樹木がこれに含まれる。バラエティは数千に及び、樹形や葉色も多彩。複数種の樹木を組み合わせて庭を造ることが多い。

ヨーロッパトウヒ（マツ科トウヒ属）
ヨーロッパ～シベリア原産。葉は濃い緑色で、老木になると枝が枝垂れる

カナダトウヒ（マツ科トウヒ属）
北アメリカ原産。葉は青緑色で細かく茂る。多くの園芸品種がある

街路樹・公園樹

'ホプシー'（マツ科トウヒ属）
北アメリカ原産のコロラドトウヒの園芸品種。最終樹高 8～10m。生長は遅い

'ホプシー' の葉色は芽出しの頃がもっとも美しい。葉表面の白っぽさが増し、はっきりとした銀青色になる

'ゴールドクレスト'(ヒノキ科ホソイトスギ属)
北アメリカ原産のモントレーイトスギの園芸品種。葉は黄緑色、最終樹高 10m

カマクラヒバ(ヒノキ科ヒノキ属)
ヒノキ(P.20)の園芸品種、別名チャボヒバ。生け垣に使われることも多い

'ブルーアイス'(ヒノキ科ホソイトスギ属)
北アメリカ原産のアリゾナイトスギの園芸品種。最終樹高 10m。若葉の色が美しい

'ブルーパシフィック'(ヒノキ科ビャクシン属)
日本原産のハイネズの園芸品種。葉は固く、枝は低く這うように伸びる

‘ブルースター’(ヒノキ科ニイタカビャクシン亜属)
中国～ヒマラヤ原産のニイタカビャクシンの園芸品種。枝が低く這う矮性種

‘ブルーカーペット’(ヒノキ科ニイタカビャクシン亜属)
中国～ヒマラヤ原産のニイタカビャクシンの園芸品種。葉色は濃く、枝は低く這う

‘フィリフェラ・オーレア・ナナ’(ヒノキ科ヒノキ属)
サワラ（P.60）の仲間オウゴンヒヨクヒバの園芸品種。矮性タイプで低く茂る

‘ゴールデンモップ’（ヒノキ科ヒノキ属）
サワラ（P.60）の園芸品種。最終樹高は 50 ～ 80 ㎝と低め。生長は遅い

‘サンキスト’（ヒノキ科クロベ属）
北アメリカ原産のニオイヒバの園芸品種。冬葉は緑色。最終樹高 3 ～ 5m

‘ヨーロッパゴールド’（ヒノキ科クロベ属）
北アメリカ原産のニオイヒバの園芸品種。冬葉は褐色になる。最終樹高 5 ～ 6m

コノテガシワ（ヒノキ科クロベ属）
中国原産。日本でも庭木として親しまれる。多くの園芸品種がある

‘エレガンティシマ’（ヒノキ科クロベ属）
コノテガシワの園芸品種。冬は赤褐色に紅葉する。最終樹高 5m

庭木

色鮮やかな花には長い花軸があり、吊り下がるように咲く

中輪一重咲き種

大輪八重咲き種

分　類：落葉低木
花　期：不定
樹　高：30〜60㎝
別　名：吊浮草（つりうきそう）

フクシア

アカバナ科　*Fuchsia hybrida*

花色多彩で華やかな花木ですが、俯いて咲く姿はどこかしとやか。和の情緒を併せ持つ気がします。

一定の気温があれば年中開花する

中南米や熱帯アメリカなどの原種を元に交配で作られた園芸植物で、世界中で親しまれ、数えきれないほどの品種がある。高温多湿に弱く、夏の暑さで枯死する場合もあるが、涼しい場所では数年かけて大きな株に育つことも。吊り鉢仕立てにすることも多い。

園芸品種'ダブルホワイト'

斑入り葉の園芸品種

分　類：常緑つる性木本
花　期：周年
原　産：中南米～南米
別　名：筏葛（いかだかずら）

園芸品種はとても多く、花色は多彩。葉に斑が入る品種もある

温室や南国では1年中咲きますが、九州での開花は晩秋から冬が多く、満開でお正月を迎えることも。

ブーゲンビレア

オシロイバナ科　*Bougainvillea*

花びらのように見える部分は正しくは苞（ほう）。花はその中央にある３本の筒状の部分で、花びらはなく、細長い萼（がく）の内部に雄しべ雌しべがある。霜が降りない地方では戸外で庭植えにできる。開花期は決まっておらず、一定の気候条件が整えば季節を問わず開花する。

古くから知られる名品種'ミセス・バット'

暗赤色の花が咲くアメリカロウバイ。開花は5月頃になる

花の中心は暗紫色になる

実は壺型

分　類：落葉低木
花　期：1～2月
結実期：9～10月
樹　高：2～5m
原　産：中国
漢字名：蠟梅

ロウバイ

ロウバイ科　*Chimonanthus praecox*

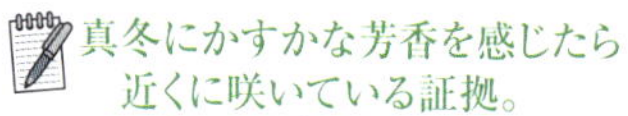
真冬にかすかな芳香を感じたら
近くに咲いている証拠。
匂いを手がかりに花を探します。

中心部も黄色のソシンロウバイ

正月過ぎに咲くこの花は、透き通るほど薄い花びらと上品な芳香が魅力。葉は花が終わってから出る。花の中心が黄色になるのは変種ソシンロウバイ。北アメリカ原産の近縁種アメリカロウバイ（別名クロバナロウバイ）は、春、葉が出たあとに花が咲く。

ウンナンオウバイ

分　類：落葉小低木
花　期：2〜4月
樹　高：1〜1.5m
原　産：中国
漢字名：黄梅
別　名：迎春花（げいしゅんか）

ジャスミンの仲間だが、花の香りはほとんどない

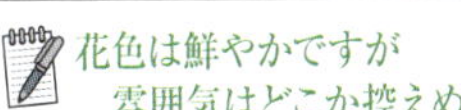

花色は鮮やかですが
雰囲気はどこか控えめ。
和の庭に合うのはそのせいでしょうか。

オウバイ

モクセイ科　*Jasminum nudiflorum*

花は径２〜３㎝で葉が出る前に咲く。17 世紀には日本に入ってきており、当時から斑入り葉などの園芸品種が作られていた。八重咲きになる園芸品種もある。径４〜５㎝の大きな花が咲く近縁種ウンナンオウバイは常緑低木で、枝は半つる性になり、長く伸びる。

花は径２〜３㎝

花一輪は小さいが、無数の花が一斉に咲く様子は実に見事

花芽

黄葉

分　類：落葉小高木
花　期：1〜3月
結実期：9〜10月
樹　高：3〜5m
分　布：本州〜九州
漢字名：満作

マンサク

マンサク科　*Hamamelis japonica*

くしゃくしゃと丸まった花びらが
開花につれて少しずつ伸びるのは
なんとも不思議な美しさです。

黄色は花びら、赤紫色の部分は萼

まだ寒い時期、ほかの花に先駆けて咲く＝まず咲くというのが名の由来らしい。東北方言「まんず咲く」が語源という説もある。葉先が丸いマルバマンサク、葉が大きなオオバマンサクなどの変種、中国原産の近縁種シナマンサクもあり、それぞれの園芸品種も数多い。

'ブレヴィペタラ'
シナマンサクの園芸品種。香りのよい花が多くつく華やかさで人気が高い

'アーノルド・プロミス'
マンサクとシナマンサクの交配で作られた園芸品種。開花はやや遅め

ニシキマンサク（錦満作）
マルバマンサクの仲間で、花びらのつけ根がほんのりとした紅を帯びる

アカバナマンサク
マルバマンサクの変種で、花びら全体が紅色になる

銀灰色の葉が優しい風情のギンヨウアカシア

南米原産のキンゴウカン

分　類：常緑小高木～高木
花　期：2～4月
結実期：9～11月
原　産：オーストラリア・タスマニアなど
別　名：ミモザ、ワトル

アカシアの仲間

マメ科　*Acacia*

美しい花が魅力の花木ですが、毎年たくさん咲かせるには花後すぐに剪定するのがコツです。

フサアカシア

原産地オーストラリア周辺には数百種があり、薬用や家具材、ブーメランの素材として古くからアボリジニの人々に大切にされてきた。日本でよく見かけるのは銀葉が美しいギンヨウアカシア、フサアカシアなど。葉の形は種類によって様々なバラエティがある。

アカシア・マーンジー
樹高 15 ～20m の高木で、葉は濃緑、花は淡黄色。別名アカシア・モリシマ

ナガバアカシア
樹高 6 ～ 8m の小高木。葉は細長く、長さ 10 ～ 15cm。花は濃黄色

三角葉アカシア
樹高2～3mの低木で、独特の三角形をした灰緑色の葉がつく。花は濃黄色

アカシア・フロリバンダ
樹高6mほどの低木で、細長い緑葉に淡黄色で香りのある花をつける

花期
1
2
3
4
5
6
7
8
9
10
11
12

最近は花粉症を引き起こすアレルゲンとして問題になることも

長い雄花と小さな雌花

分　類：落葉小高木～高木
花　期：3～4月
結実期：10～11月
樹　高：10～15m
分　布：本州（太平洋側）～九州
漢字名：夜叉五倍子

庭木

ヤシャブシ

カバノキ科　*Alnus firma*

ハンノキ（P.175）とよく似ていますが、こちらは開花がやや遅く、ウメ（P.12）が散ってからです。

未熟な若い実

名に入るブシは、かつてお歯黒に使われた染料・五倍子（ふし）と同じく、この木の実にもタンニンが多く含まれることに由来。ヤシャは凹凸が多い実の姿を夜叉（やしゃ）（鬼）に例えたと言われる。花は雌雄があり、雄花は長いひも状で垂れ下がり、そのつけ根に小さな雌花がつく。

緑

若い樹皮の斑点は白い

分　類：落葉低木
花　期：3～4月
結実期：9～10月
樹　高：2～5m
分　布：東北南部～九州

漢字名：黒文字

香りのよい枝葉はかつて化粧品の香料素材としても使われた

平安時代の宮中でも親しまれた木。
黒文字の楊枝を使うときは
ちょっと雅びな気持ちになります。

クロモジ

クスノキ科　*Lindera umbellata*

木材は木目が白く美しい上にさわやかな香りがあり、和菓子などに使う楊枝の材料にすることで広く知られる。名は樹皮にできる黒い斑点に由来。花は新葉が出ると同時に咲き始める。雌雄異株。葉は長さ４～９㎝。近縁種オオバクロモジの葉は長さ８～13㎝と大きい。

花にもほのかな芳香がある

花期
1
2
3
4
5
6
7
8
9
10
11
12

ヤブツバキの園芸品種'玉の浦(たまのうら)'

ヤブツバキの実

リンゴツバキの実

分　類：常緑低木～高木
花　期：2～4月・4～6月・11～12月
結実期：10～11月
分　布：本州～沖縄
漢字名：椿

庭木

ツバキ

ツバキ科　*Camellia japonica*

品種改良の歴史は長く
花姿のバラエティは実に多彩。
分厚い品種図鑑も出版されています。

タネからは椿油が採れる

ピンク
赤
黄
白

日本各地にさまざまな種が分布する。全国に自生し樹高が高いヤブツバキ、日本海沿岸の山地に自生するユキツバキの2大系統のほか、両者の中間にあたる種やこれらを交配して作った園芸品種も数多い。近年は外国で作られた園芸種も多く出回っている。

‘桃色卜伴’（ももいろぼくはん）
雄しべが花弁化した卜半は江戸初期からの人気種で多くのバラエティがある

‘王冠’（おうかん）
熊本で作られた肥後ツバキ系の大輪園芸品種。開花は３～４月

庭木

‘越の吹雪’（こしのふぶき）
ヤブツバキとユキツバキの中間ユキバタ系の園芸品種。葉に斑が入る

金魚椿（きんぎょつばき）
ヤブツバキの突然変異で生まれた園芸品種群。金魚形の葉を観賞する

‘乙女椿’

ユキツバキ系で古くから知られる園芸品種。開花は12～4月。赤花もある

‘絞り乙女’

‘乙女椿’の一種で、極淡紅色の花びらに紅色の絞りが入る。開花は3～4月

庭木

‘白侘助’

ワビスケはツバキとチャノキ（P.375）の雑種。花は閉じ気味で冬に咲く

リンゴツバキ

屋久島に自生するヤブツバキの変種。径5～8㎝の大きな実がつく

‘タイニープリンセス’
アメリカで作られたヤブツバキ系の園芸品種。小輪だが花つきがよい

オレイフェラ（油茶）
中国原産の近縁種。原産地では採油のために栽培される。開花は 11 〜1月

庭木

フランクリンツバキ（アメリカ夏椿）
北アメリカ原産 。別属だがツバキの仲間として扱われる。開花は8〜 10 月

金花茶
中国で 1965 年に発表された新種。初の黄花ツバキとして大きな話題となった

花期

1
2
3
4
5
6
7
8
9
10
11
12

枝が横向きに伸びる近縁種クサボケ

ボケの園芸品種

熟しかけの実

分　類：落葉低木
花　期：3〜4月
結実期：7〜8月
樹　高：1〜2m
原　産：中国
漢字名：木瓜
別　名：カラボケ

庭木

ボケ

バラ科　*Chaenomeles speciosa*

香りのよい実はいかにもおいしそう。
しかし酸味と渋みがとても強く
生で囓ると大変な目に遭います。

薄紅色の花が咲くボケの園芸品種

日本に入ったのは平安時代で、古くから春の花木として親しまれてきた。園芸品種もたくさんあり、盆栽に仕立てられることも多い。熟した実は果実酒に使われる。クサボケは枝が横に這うように伸びる近縁種で日本原産。いずれも小枝にはトゲができやすい。

ピンク
赤
白

熟した実

分　類：落葉小高木～高木
花　期：3～4月
結実期：6～7月
樹　高：5～15m
原　産：中国
漢字名：杏
別　名：唐桃（からもも）

開花はウメより遅く、サクラ（P.34）よりやや早い

信州の春といえばアンズの花。
広い畑いっぱいに咲く風景は
季節のニュースでもおなじみです。

アンズ

バラ科　*Prunus armeniaca*

中国原産で日本では平安時代から栽培されている。基本種の花は薄紅色だが、濃ピンクの花が咲く園芸品種もある。実を採るための栽培はもちろんだが、花の美しさから観賞用の栽培も多い。植物学的にウメ（P.12）と非常に近く、葉、花、実ともとてもよく似る。

花の柄はごく短い

多彩な花色や花形がある花モモ

園芸品種‘黄金桃（おうごんとう）’

分　類：落葉低木～小高木
花　期：3～4月
結実期：7～8月
樹　高：3～8m
原　産：中国
漢字名：桃

モモ

バラ科　*Prunus persica*

モモの名産地は信州と福島。
春は至る所で花盛りに出会います。
それはまさしく桃源郷の美しさ。

実モモの花も充分に美しい

非常に多くの園芸品種があり、花を観賞する花モモ、実を食用にする実モモに大別できる。花モモの実は小さくて固く、食用に向かないものが多い。日本では縄文時代の遺跡からモモのタネが出土していることから、当時から実を食用にしていたと推測できる。

‘寒白’
江戸時代から知られる花モモの白花代表品種。切り花用に多く栽培される

‘照手桃’
花モモの仲間だが多くの園芸品種があり、中には実が食べられるものもある

‘白鳳’
1925 年に日本で作られた実モモの園芸品種。現在も多くの栽培面積を誇る

‘矢口’
花モモの代表品種。切り花用に多く栽培され、ひなまつりの頃に多く出回る。

シダレモモ
観賞用の花モモには枝が枝垂れるタイプの品種も多い

'源平枝垂れ'（げんぺいしだれ）
古くから知られる花モモの園芸品種。1本に紅と白、絞り咲きの花が咲く

庭木

'菊'（きく）
花モモの園芸品種。花びらが細く、菊モモ、菊咲きモモとも呼ばれる

ホウキ桃
観賞用の花モモで、枝が上向きに伸びるタイプ。多くの品種がある

セイヨウミザクラの花

分　類：落葉高木
花　期：3〜4月
結実期：6〜8月
樹　高：5〜15m
原　産：ヨーロッパ〜西アジア
漢字名：西洋実桜
別　名：桜桃（おうとう）

初夏に熟す実は宝石のように美しい

葉柄にある小さな2個の突起は蜜腺（みつせん）。サクラより少し赤く、これも見分けるポイントになります。

セイヨウミザクラ

バラ科　*Prunus avium*

サクランボの仲間にはヨーロッパ〜西アジア原産のセイヨウミザクラと中国原産のシナミザクラがある。果樹として多く栽培されるのはセイヨウミザクラで、シナミザクラより樹高は高め。いずれも姿はサクラ（P.34）と似るが、花の雄しべが長いことなどで区別できる。

シナミザクラの花

花期

1
2
3
4
5
6
7
8
9
10
11
12

剪定をしなくても、姿は自然にこんもりとした丸い形に整う

蕚の内側が赤いアカバナミツマタ

分　類：落葉低木
花　期：3〜4月
結実期：6〜7月
樹　高：1〜2m
原　産：中国・ヒマラヤ
漢字名：三椏

庭木

ミツマタ

ジンチョウゲ科　*Edgeworthia chrysantha*

綸子の振り袖を着た少女に持たせてみたい手鞠のような花。和の華やぎを感じる花木です。

花色は数日たつと薄くなる

赤
黄

枝が三叉に分かれながら伸びることが名の由来。紙幣用の製紙材料としても広く知られる。葉が出る前に開花する香りのよい花は、30 〜 50 輪が集まって咲き、満開時には球状になる。花には花びらが存在しない。花びらに見える筒状の部分は正式には蕚(がく)。

猛毒のタネが入った実

分　類：常緑小高木
花　期：3〜4月
結実期：9月
樹　高：2〜5m
分　布：東北南部〜沖縄
漢字名：樒
別　名：ハナノキ

仏花に使われるため寺の境内や墓地に植えられることが多い

花はうっとりするほど美しいけれど、猛毒の実がつくことを知っていると近づくのがちょっと怖くなります。

シキミ

マツブサ科　*Illicium anisatum*

春の花は白く美しいが、株全体に毒成分が含まれる有毒植物である。実は香辛料のスターアニス（八角（はっかく））にそっくりだが、中に入っているタネは数十粒で死に至るほど毒性が強いので注意が必要。樹皮や葉にはよい香りがあり、線香の材料に使われる。

花はまろやかな乳白色が美しい

花が満開になると春も盛り

熟した実

分　類：落葉小高木～高木
花　期：3～4月
結実期：9～11月
樹　高：5～15m
原　産：中国・朝鮮半島
漢字名：山茱萸
別　名：春黄金花（はるこがねばな）

サンシュユ

ミズキ科　*Cornus officinalis*

花の黄色は輝くような明るさ。牧野富太郎がつけたという春黄金花（はるこがねばな）の別名も納得です。

小さな花が20～30輪集まって咲く

葉が出る前に明るい黄色の花が咲く。もとは江戸時代中期に薬用として日本に入ってきた植物で、実は渋味があるので生食できないが、乾燥させた果肉を生薬とし、八味地黄丸（はちみじおうがん）などに利用する。和名は漢字名を音読みにしたもの。実はグミ（P.248）によく似ている。

ヒュウガミズキの花

トサミズキの葉

分　類：落葉低木
花　期：3～4月
結実期：9～10月
樹　高：2～4m
分　布：高知県
漢字名：土佐水木

7～10輪が１房になって枝から垂れ下がるトサミズキの花

枝はジグザクに伸びています。
花や葉がない時期でも目印になる
ちょっと便利な特徴。

トサミズキ

マンサク科　*Corylopsis spicata*

名は原産地である高知県の旧国名土佐と、ハート型の葉がミズキ（P.114）に似ることに由来する。春、葉が出る前に淡黄色の花が咲く。ヒュウガミズキは石川から兵庫にかけた日本海沿岸に分布する近縁種。１房につく花の数は１～３輪とトサミズキより少ない。

黄色の淡さも優しげなトサミズキ

花期

1
2
3
4
5
6
7
8
9
10
11
12

枝が横向きに伸びるタイプの園芸種

ミントベル・ホワイト

バクステリー・セリセア

分　類：常緑低木
花　期：3〜4月・9〜11月
樹　高：1〜3m
原　産：オーストラリア
別　名：プロスタンテラ

庭木

ミントブッシュ

シソ科　*Prostanthera*

近年になって登場した新しい木。
小さな葉に触ると、
名前の通りミントの香りがします。

青
紫
黄
白
緑

枝が立ち上がる立ち性種

葉や枝にはミントに似た香りがあることから名がついた。日本で一般に広まったのは1990年代以降で、鉢ものとして出回ることが多い。枝が直立する立ち性種、枝が低く這うタイプ、銀葉(ぎんよう)タイプなど、種類によって姿はさまざま。関東以北では戸外の冬越しは難しい。

雄花

実（松笠）

分　類：常緑高木
花　期：3〜4月
結実期：翌10月
樹　高：30〜40m
分　布：福島県以西〜九州
漢字名：高野槙
別　名：本槙（ほんまき）

刈り込みに強いため、さまざまな樹形に仕立てられる

古墳時代から知られ、
姿の美しさと木材の優秀さで
世界的にも重要な木とされています。

コウヤマキ

コウヤマキ科　*Sciadopitys verticillata*

和歌山の高野山（こうやさん）近辺に多いことが名の由来。香りがよく耐久性に富む木材は、古くから建築材・造船材として使われ、質のよさからヒノキ（P.20）やサワラ（P.60）などともに木曽五木（きそごぼく）と讃えられた。庭園木としても優秀で、世界三大庭園樹に数えられる。実の先端から葉が出ていることも多い。

庭園樹としても世界中で親しまれる

ミヤマホタルカズラ

ムラサキ科　*Lithospermum diffusum*

分　類：常緑低木
花　期：3～5月
樹　高：15～20㎝
原　産：ヨーロッパ南西部
漢字名：深山蛍葛

花径約２㎝と小さいが美しい瑠璃色で存在感がある。枝が低く這うためグランドカバーに向く。園芸品種には青の濃淡や白縁入りなどもある。

花弁に白い縁取りが入る園芸品種'スター'

近縁のホタルカズラと混同されがちですが、ホタルカズラは草本植物です。

花色は紫が基本だが白やピンクもある

ハーデンベルギア

マメ科　*Hardenbergia*

分　類：常緑つる性木本
花　期：3～5月
結実期：7～9月
原　産：オーストラリア東部
別　名：一葉豆（ひとつばまめ）

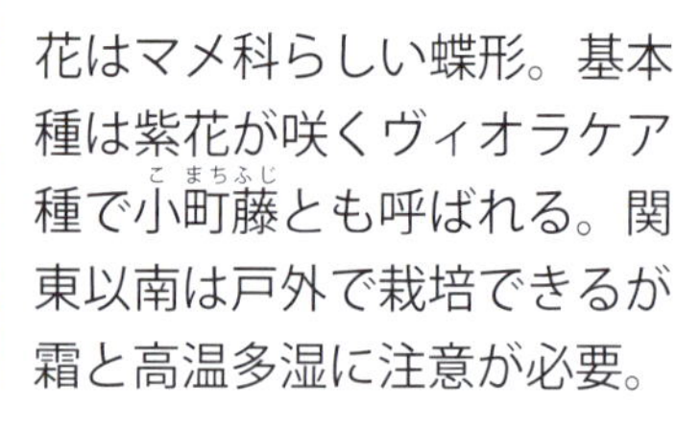

花はマメ科らしい蝶形。基本種は紫花が咲くヴィオラケア種で小町藤（こまちふじ）とも呼ばれる。関東以南は戸外で栽培できるが霜と高温多湿に注意が必要。

挿し木が簡単なのでつい苗を多く作り、植え場所に困ったりします。

ボロニア

ミカン科　*Boronia*

分　類：常緑低木
花　期：3〜5月
樹　高：20cm〜2m
原　産：オーストラリア

原産地では1mを超す大株になるピナータ種

いくつかの種類があるが、一般的なのは径約２cmの小さな４弁の花が咲くピナータ種、つぼ型の花が咲くヘテロフィラ種。高温多湿には弱い。

ミカン科らしく、枝葉には柑橘系のさわやかな香りがあります。

クロウェア

ミカン科　*Crowea*

分　類：常緑低木
花　期：3〜7月・9〜10月
樹　高：20cm〜2m
原　産：オーストラリア南部
別　名：サザンクロス

園芸品種には淡色や白花もある

流通名サザンクロスは星型の花を南十字星に見立てたもの。原産地では周年開花するが、日本での開花期は盛夏の高温期を除く春から秋になる。

ボロニア（上記）と似ていますが、こちらは5弁花。星の花と覚えれば大丈夫。

葉のトゲを防犯に生かし、家の周囲に植えられることも多い

橙～赤銅色になる紅葉

ホソバヒイラギナンテン

分　類：常緑低木
花　期：3～4月
結実期：9～10月
樹　高：1～3m
原　産：中国・ヒマラヤ・台湾
漢字名：柊南天
別　名：唐南天（とうなんてん）

ヒイラギナンテン

メギ科　*Mahonia japonica*

堅くてとげのある葉はいかついイメージですが、小さな花は可憐です。

花は黄色でかわいらしい

葉は堅く、ヒイラギ（P.382）に似た鋭いギザギザ（鋸歯（きょし））がある。常緑樹だが気温が下がる冬期は紅葉し、暖かくなると緑葉に戻る。あまり注目されないが、澄んだ黄色の花もなかなか美しい。ホソバヒイラギナンテンは、葉が細く秋に花が咲く近縁種。

采配や四手に見立てられる花

葉色は黄～赤と変わる

分　類：落葉小高木
花　期：3～5月
結実期：5～7月
樹　高：3～10m
原　産：北アメリカ
漢字名：采振木
別　名：ジューンベリー、四手桜（しでざくら）

英名ジューンベリーは実が6月頃熟すことに由来する

ザイフリボク

バラ科　*Amelanchier*

秋の紅葉も大きな見どころです。
黄から鮮やかな紅色へと移りゆく
葉色の変化を楽しんでください。

仲間は北アメリカ原産のアメリカザイフリボク、セイヨウザイフリボクほか10数種あり、それらを交配した園芸品種も多い。日本に自生するザイフリボクの実は秋に黒く熟すが径約6㎜と小さく西洋種の半分ほどの大きさで、有毒ではないが食用には向かない。

濃赤色に熟した実は甘くておいしい

花期

1
2
3
4
5
6
7
8
9
10
11
12

イチイと異なり、葉は列にならずらせん状に枝につく

実の仮種皮は食べられる

玉仕立て

分　類：常緑低木
花　期：3〜5月
結実期：9〜10月
樹　高：1〜3m
分　布：本州の日本海沿岸
漢字名：伽羅木

庭木

キャラボク

イチイ科　*Taxus cuspidata*

名は材木を叩いた時に出る音が香木のキャラ（伽羅）の音と似ていることに由来します。

花粉を出し始めた雄花

イチイ（P.48）の変種で葉や花、実はよく似ているが、こちらは枝が低く這うことが特徴。鳥取県の大山（だいせん）山頂付近にある群落はダイセンキャラボクと呼ばれ、天然記念物に指定されている。葉が明るい黄緑色になる園芸品種オウゴンキャラボクもある。雌雄異株。

黄
緑

葉は長さ3～5㎝

変種のチョウセンマキ

分　類：常緑小高木
花　期：3～5月
結実期：翌9～10月
樹　高：5～10m
分　布：岩手県～九州
漢字名：犬榧
別　名：ヘボガヤ

樹高は5mくらいのものが多い

葉はイチイ(P.48)やカヤ(P.49)と似ていて
見分けにくいのですが、
触ればすぐにわかります。

イヌガヤ

イチイ科　*Cephalotaxus harringtonia*

姿は似てもカヤほど役に立たないという意味で名がついた。葉は2～5cmとイチイやカヤに比べると少し長く、先は尖るが堅くないので、触ってもそれほど痛くない。実はついた翌年に紅色に熟すが苦味があり食べられない。雌雄異株だが、まれに同株のものがある。

葉のつけ根にびっしりつく雄花

花期
1
2
3
4
5
6
7
8
9
10
11
12

万葉植物のひとつで、歌にも多く詠まれている

実は径5～6㎜

園芸品種'クリスマスチアー'

分　類：常緑低木～小高木
花　期：3～5月
結実期：9～10月
樹　高：1～9m
分　布：東北中部～九州
漢字名：馬酔木
別　名：アセボ、アシビ

庭木

アセビ

ツツジ科　*Pieris japonica*

風で枝が揺れるとさらさらという微かな音が聞こえます。花が触れあうかわいい音です。

小さな壺形の花がかわいらしい

奈良公園の鹿がこの木の葉を食べないことは広く知られるが、葉には人や動物の呼吸中枢に作用する有毒物質グラヤノトキシンが含まれる。漢字名はそれを由来に字が当てられた。この成分を製薬に利用した記録もある。早春に出る新芽は鮮やかな紅色で美しい。

赤
白

実は秋に赤く熟す

分　類：常緑小低木
花　期：3～5月
結実期：9～11月
樹　高：20～100㎝
原　産：地中海沿岸
漢字名：梛筏

葉は１段ごとにつく向きが異なる

トゲのある姿はいかめしいけれど、
真ん中にちょこんと乗る
小さな花はかわいらしいですね。

ナギイカダ

キジカクシ科　*Ruscus aculeatus*

ナギ（P.98）に似た葉に花が乗る姿を筏（いかだ）に見立てて名がついた。葉に見える部分は正式には枝が変化したもので、葉状枝（ようじょうし）または仮葉枝（かようし）と呼ばれる。正式な葉はごく小さく目立たない。葉状枝の先端は鋭いトゲになるため、防犯用の生け垣にすることも多い。雌雄異株。

径数㎜の花は中心の紅紫色が美しい

花は葉の中心部や合間に見られる

ヘリオトロープ

ムラサキ科　*Heliotropium arborescens*

分　類：常緑小低木
花　期：3〜7月、9月
樹　高：30〜60cm
原　産：ペルー
別　名：木立瑠璃草（きだちるりそう）、匂紫（においむらさき）

強い芳香のある花は香水の原料となり、ヨーロッパでは古くから親しまれる。花の濃紫色は開花後徐々に白くなる。寒地では冬に落葉しやすい。

美しい和名を持っていますが、最近あまり使われないのが残念です。

葉も花も色が淡く、印象は優しげ

ギョリュウ

ギョリュウ科　*Tamarix tenuissima*

分　類：落葉小高木
花　期：3〜9月
結実期：10〜11月
樹　高：5〜8m
原　産：中国
漢字名：御柳

中国から日本に入ったのは江戸時代。枝垂れる枝に細い葉がたくさん茂る。開花は春秋の年２回。春花は大きく数も多いが、花後に実がつかない。

霞のようにふんわりと茂る姿は風景を優しくしてくれますね。

ミカイドウの花

ウケザキカイドウ

分　類：落葉低木～小高木
花　期：4月
結実期：9～10月
樹　高：5～8m
原　産：中国
漢字名：海棠

濃い色の花がたくさん咲く姿があでやかなスイシカイドウ

カイドウの仲間

バラ科　*Malus*

原産地の中国では美人の代名詞。
その通り、花盛りには
圧倒的な華やかさを誇ります。

カイドウの仲間は数種類あるが、市街地ではハナカイドウまたはミカイドウが多い。ハナカイドウは実がつきにくいが、一重～八重咲きまで多彩な品種がある。花が長い軸から垂れて咲くスイシカイドウはハナカイドウの園芸品種。ミカイドウには淡色の花が多い。

ハナカイドウの一重咲き種

実は径１㎝ほどと小さく、軸も短い

基本の花色は白

白実がつく園芸種

分　類：落葉低木
花　期：4月
結実期：6月
樹　高：2〜4m
原　産：中国
漢字名：桜桃、山桜桃
別　名：ユスラゴ

ユスラウメ

バラ科　*Microcerasus tomentosa*

白〜淡いピンクの花と
コロンとした丸い実がかわいらしい果樹。
実のほのかな甘さも魅力です。

ピンク色の花が咲く園芸種

花や実はサクランボ（セイヨウミザクラ／ P.203）に似るが、こちらの花実はずっと小さく、花柄や軸も短い。葉が出る前の細い枝に小さめの花がびっしりとつく姿が美しい。和名の由来は朝鮮語のイスラから、あるいは枝や花が風に揺れる様子からなどの説がある。

ニワウメの園芸種

ニワザクラ

基本の花色は薄紅だが、園芸種には濃ピンクもある

分　類：落葉低木
花　期：4月
結実期：7月
樹　高：約1～2m
原　産：中国
漢字名：庭梅
別　名：林生梅（りんしょうばい）

花つきはとてもよく、
枝をびっしり埋めるほど。
実にはほのかな甘さがあります。

ニワウメ

バラ科　*Microcerasus japonica*

近縁のユスラウメ（P.220）とよく似るが、こちらは花や実の時期がやや遅い。径 1.3 cmほどで秋に赤く熟す実は食用になるほか、中のタネを生薬として利用する。八重咲きの花が咲く近縁種ニワザクラは樹高 1 ～ 1.5 mほどとやや低く、花後に実がつかない。

実はユスラウメより少し大きい

紅色の葉がつく紅葉スモモ。葉の美しさから庭木として人気

紅葉スモモの葉

分　類：落葉小高木
花　期：4月
結実期：7～8月
樹　高：7～8m
原　産：中国
漢字名：李
別　名：プラム、プルーン

スモモ

バラ科　*Prunus salicina*

実の色は品種によって異なり、ピンクや赤、黄、紫、緑など多彩。小ぶりな花も可憐です。

雄しべの先の葯（やく）が目立つ花

中国原産の果樹だが、古くから世界各地で栽培され、多くの園芸品種がある。日本で栽培されるのは'サンタローザ'をはじめとするアメリカ系スモモと'大石早生（おおいしわせ）'をはじめとする日本スモモが多い。葉が濃い紅色になる紅葉（べにば）スモモは観賞用の庭木として人気がある。

‘サンタローザ’
日本スモモとアメリカ種の交配による園芸品種。もっとも多く栽培される

ハタンキョウ
ハタンキョウはスモモの古名。現在は日本スモモ全般を指すことが多い

‘ハリウッド’
紅葉スモモの園芸品種。花粉を採るために植えられていることも多い

‘シュガー’（通称シュガープルーン）
西洋スモモ（プルーン）の園芸品種。ドライフルーツ用の栽培も多い

花と実を楽しむ庭木としても人気が高い

園芸品種'紅玉(こうぎょく)'

園芸品種'フジ'

分　類：落葉小高木〜高木
花　期：4〜5月
結実期：10〜11月
樹　高：約10m
原　産：小アジア・コーカサス
漢字名：林檎
別　名：セイヨウリンゴ

リンゴ

バラ科　*Malus domestica*

果樹の代表とも言える木ですが、最近は花や葉色を楽しむ品種も多く、観賞用の庭木としても人気です。

花は開ききると白くなるものが多い

日本を含め世界各地に野生種があるが、食用に栽培されるのはほとんどがセイヨウリンゴと呼ばれる種類。日本に入ったのは明治時代だが、盛んに品種改良が行われ、多くの名品種が生まれている。蕾が淡紅色で開花後白くなる種類のほか、ピンク花が咲く品種もある。

‘メイポール’
イギリスの園芸品種で花や実が幹の周囲につくバレリーナタイプ。実は食べられる

ヒメリンゴ
中国原産のイヌリンゴが起源とされる小型種。観賞用で実は酸味・渋味が強い

リンゴは果樹だが、花や葉が美しい園芸種は観賞用としても人気が高い。写真はピンクの花色と銅葉が美しい園芸種

‘アルプス乙女’
食用では最小の実がなる園芸品種。フジとヒメリンゴの交雑から生まれたとされる

庭に植えられた西洋ナシ

園芸品種'豊水(ほうすい)'

西洋ナシ'バートレット'

分　類：落葉高木
花　期：4月
結実期：9～10月
樹　高：5～15m
分　布：本州～九州
漢字名：梨

ナシ

バラ科　*Pyrus pyrifolia*

弥生時代から食べられていたそうで、日本ではもっとも古く、親しみ深い果樹のひとつです。

花は紅色の葯(やく)がよく目立つ

日本に古くからあるのは野生種のヤマナシなどだが、現在栽培されるのは明治以降に大きな実がつくよう改良された品種群がほとんど。近年は西洋ナシも多い。花はリンゴ（P.224）やサクラ（P.34）とよく似るが、雄しべの先の葯（やく）が紅色や赤紫色になる点が異なる。

葉は長さ４～６㎝

分　類：落葉低木
花　期：4～5月
結実期：8～9月
樹　高：3～4m
原　産：中国
漢字名：利休梅

派手すぎない品のよさがあり、茶花としての人気も頷ける

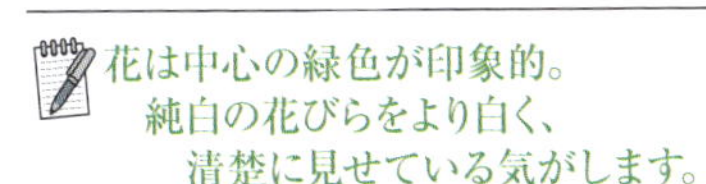

花は中心の緑色が印象的。
純白の花びらをより白く、
清楚に見せている気がします。

リキュウバイ

バラ科　*Exochorda racemosa*

中国原産で日本に入ってきたのは明治時代。以来、茶花としてよく使われることから利休（りきゅう）の名をつけたらしい。一輪の花は径４～５㎝。５枚の花びらが散ったあとも白い萼（がく）が残るため、小さな花のように見える。葉は先端にギサギザ（鋸歯（きょし））があるものとないものがある。

花びらの根元に雄しべが数本つく

ラズベリーの仲間で実が黒く熟すブラックラズベリー

日本原産のクマイチゴ

日本原産のフユイチゴ

分　類：落葉低木
花　期：4～6月など
結実期：6～7月など
原　産：世界各地
漢字名：木苺

キイチゴの仲間

バラ科　*Rubus*

小学生の頃、初夏の学校帰りは
いつも寄り道をしながら、
キイチゴの実を探したものでした。

ラズベリーの実

キイチゴはバラ科キイチゴ属に属する樹木の総称。原種・園芸種を含め、多くの種類がある。ラズベリー、ブラックベリーなどはヨーロッパや北アメリカ原産のグループで、このほか日本原産のキイチゴ類も数多い。花期や結実期はそれぞれ種類によって異なる。

モミジイチゴ
中部地方以北に分布。西日本にはナガバモミジイチゴが分布する

カジイチゴ
関東～九州に分布。花径は約3㎝、実は径約2㎝。葉は大きな手のひら形

庭木

ナワシロイチゴ
日本全国に分布。石垣の隙間や土手に生えることが多い。枝にはトゲがある

ブラックベリー
北アメリカ原産。実は大きめで、中には長さ4～5㎝になる品種もある

花期
1
2
3
4
5
6
7
8
9
10
11
12

庭木

園芸品種'ピエール・ド・ロンサール'

ノイバラの実

ハマナスの実

分　類：落葉・常緑低木
花　期：4〜5月・9〜10月
結実期：10〜11月
分　布：北半球各地
漢字名：薔薇

バラの仲間

バラ科　*Rosa*

華麗な花姿とすばらしい香り。
交配・改良の歴史は
園芸全体の発達史に重なります。

日本全国に自生する原種ノイバラ

古代バビロニア時代には栽培が始まっていたとされ、バラの園芸史は３千年以上と考えられる。日本を含めた世界各地に分布する原種とそれらを元にした園芸種、交配で作られた園芸品種を含めた種類の数は数千に及び、花の色や形、香り、株の姿もさまざまだ。

紫
ピンク
赤
黄
白
緑

バラの分類

バラは原種とその改良種を含めた「オールドローズ」、1867年以降に作られた園芸品種群である「現代バラ」に大別されます。

株の姿や花の咲き方で分類することも多く、ブッシュ（木バラ）、中輪房咲きのフロリバンダ、つるバラ、半つる性のシュラブ、小型のミニバラなどに分けられています。

テリハノイバラ
日本・中国・朝鮮半島原産の原種。芳香がある。開花は初夏

ナニワイバラ
中国・台湾原産の原種。江戸時代に大阪で売り出されて名がついた。春咲き

イザヨイバラ
中国原産の原種。芳香がある。春咲き。花後は実ができない

ハマナス
日本原産の原種。白花もある。強い芳香があり、大きな実がつく。春咲き

黄モッコウバラ
原種。芳香がある小輪が房咲きになる。春咲き

‘シャポー・ド・ナポレオン’（シュラブ）
1827年に発見された原種ケンティフォリアの園芸種。強香がある。春咲き

サンショウバラ
日本原産の原種。葉形はサンショウ（P.237）に似る。開花は初夏の短期間

‘カクテル’（つるバラ）
1961年フランスで作られ、もっとも普及するつるバラの園芸品種。四季咲き

‘マダム・ヴィオレ’
1981年日本で作られた青バラ系の園芸品種。四季咲き

庭木

‘ミスター・リンカーン’
1964年アメリカで作られた園芸品種。強い芳香がある。大輪四季咲き

‘ピース’
1945年フランスで作られた園芸品種。平和への願いを込めた名。四季咲き

四季咲きとは？

四季咲きとは適した条件があれば四季を問わず開花する性質のこと。日本の気候では春と秋が開花に適していることが多いため春秋咲きと同じように扱われますが、正式には誤りです。一季咲きは年1回、二季咲きは年2回開花する性質のこと。どの季節に咲くかはその植物の性質で異なります。

'アイスバーグ'（フロリバンダ）
1958年ドイツで作られた園芸品種。芳香がある。四季咲き

庭木

'プリンセス・ミチコ'（フロリバンダ）
1966年イギリスで作られた園芸品種。美智子皇后に捧げられ名がついた

'アンジェラ'（フロリバンダ）
1984年ドイツで作られた園芸品種。日本ではつるバラとして扱われる

実は喉薬にも使われる

大きな実はかなり重いはずだが、なかなか枝から落ちない

分　類：落葉小高木～高木
花　期：4～5月
結実期：10～11月
樹　高：6～10m
原　産：中国
漢字名：花梨、榠樝

熟した実の香りはとても強く、
室内に置いておくと
部屋中に芳香が漂います。

カリン

バラ科　*Pseudocydonia sinensis*

ピンク色の花は美しく、黄金色に熟す果実にもすばらしい芳香がある。実は固く渋味も強いので生食はできないが、果実酒や砂糖漬けなどに利用される。古い樹皮は表皮がウロコ状に剥がれることが多い。近縁のマルメロも姿はよく似るが、花が白いことが異なる。

花には両性花（写真）と雄花がある

樹皮が濡れると青っぽく見えることが名の由来

熟して乾いた実

幹には地衣類がつきやすい

分　類：落葉高木
花　期：4〜5月
結実期：6月
樹　高：5〜15m
分　布：北海道〜九州
漢字名：青梻
別　名：コバノトネリコ

アオダモ

モクセイ科　*Fraxinus lanuginosa f. serrata*

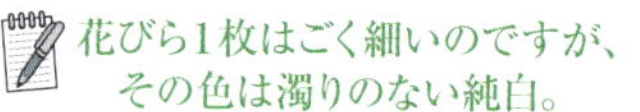

花びら1枚はごく細いのですが、
その色は濁りのない純白。
陽に映えてとてもきれいです。

近縁種マルバアオダモ

花一輪は径1〜1.5㎝ほどと小さいが、たくさんの花が集まって大きな房になる。木材は野球のバットの材料に使われるため、野球場の敷地内に植栽されていることも多い。近縁のマルバアオダモの葉は縁にギザギザ（鋸歯（きょし））がない。雌雄異株。雄株には両性花もつく。

サンショウ

ミカン科　*Zanthoxylum piperitum*

分　類：落葉低木
花　期：4～5月
結実期：9～10月
樹　高：1～5m
分　布：北海道～九州
漢字名：山椒

若葉や実のほか花も食用になり、太い幹はすりこぎに加工される。トゲがない'アサクラザンショウ'は庭木向きの園芸品種。雌雄異株。

薬味にするのはまだやわらかい若葉

新葉が出始めると、それを生かす献立を考えるのが楽しみになります。

ライスフラワー

キク科　*Ozothamnus diosmifolius*

分　類：常緑低木
花　期：4～5月
結実期：10～11月
樹　高：50cm～3m
原　産：オーストラリア

花も含め全体は乾いた手触りでドライフラワーにもしやすい。乾燥や寒さに強い反面多湿には弱いため、夏は下葉が蒸れて枯れることも多い。

花一輪はごく小さく、開いた花と蕾は区別がつきにくい

枝には白い細毛が生え、まるで粉をまぶしたような不思議な手触りです。

花期

1
2
3
4
5
6
7
8
9
10
11
12

花は枝から吊り下がるように咲く

ピンク花の園芸品種

白花の園芸品種

分　類：落葉低木
花　期：4〜5月
結実期：6〜7月
樹　高：1〜3m
分　布：北海道南部〜九州
漢字名：鶯神楽
別　名：ウグイスノキ

庭木

ウグイスカグラ

スイカズラ科　*Lonicera gracilipes var. glabra*

物語めいた美しい名が印象的。最近はこうした美しい和名も少なくなりましたね。

熟した実は甘く、生で食べられる

ウグイスが鳴く頃に開花するので「ウグイスが隠れる木」とした説があるが、詳しいことはわかっていない。近縁種には葉や実に毛があるミヤマウグイスカグラ、園芸種には白実がなるシロミウグイスカグラ、黄花のフイリウグイスカグラなどがある。

ピンク
赤
黄
白

日本産のニワトコの花

セイヨウニワトコの実

花には濃く甘い香りがある。写真はセイヨウニワトコ

分　類：落葉低木~小高木
花　期：4～5月
結実期：6～8月
樹　高：4～6m
分　布：本州～九州
漢字名：庭常
別　名：接骨木（せっこつぼく）、エルダー

毎年この花でシロップを作ります。
花粉が出始めた頃の花を摘むのが
シロップ作り最大のコツ。

ニワトコ

レンプクソウ科 *Sambucus racemosa ssp. sieboldiana*

古くは枝を煎じた汁を薬とした。花や葉も薬用として利用される。ヨーロッパ原産の近縁種セイヨウニワトコは古くから聖なる木とされ、今も魔除けなどに使われることが多い。セイヨウニワトコは赤く熟した実を食用にするが、日本原産種の実は食べられない。

赤く熟した実が美しいニワトコ

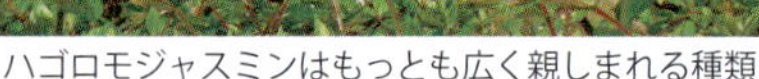
ハゴロモジャスミンはもっとも広く親しまれる種類

斑入葉の園芸品種

分　類：半常緑〜常緑半つる〜つる性木本
花　期：4〜5月（ハゴロモジャスミン）
漢字名：茉莉花（まつりか）、素馨（そけい）

ジャスミンの仲間

モクセイ科　*Jasminum*

すばらしい香りはもちろんですが、
軽やかな葉が茂る姿も美しく
アレンジメントでは大活躍します。

蕾が紅色になるハゴロモジャスミン

香りのよい花が咲くジャスミンの仲間には原種・園芸種含め多くの種類がある。香りがもっとも強いソケイは香水原料として世界的に知られる。このほか花つきのよいハゴロモジャスミン、花弁が細いオオシロソケイ、ジャスミン茶に使われるマツリカなどがある。

マツリカ（サンバク種）
東南アジア原産。八重咲きの花をジャスミン茶の原料とする

オオシロソケイ（ニチドゥム種）
ニューギニア原産。細い花びらが特徴。日本では温室で育てることが多い

'ホワイトプリンセス'
香りの強いソケイ（オフィシナレ種）の園芸品種。春～秋に大輪花をつける

レクス種
タイ原産。ジャスミンの仲間ではもっとも大きな花が咲く。香りはない

葉を乾燥させたものはスパイスとしておなじみ

実は秋に黒く熟す

斑入り葉の園芸種

分　類：常緑低木～高木
花　期：4～5月
結実期：10～11月
樹　高：5～12m
原　産：地中海沿岸
漢字名：月桂樹
別　名：ローレル

ゲッケイジュ

クスノキ科　*Laurus nobilis*

庭に1本あると便利な木。料理好きな人の庭には必ずこの木がありますね。

花はごく小さい。写真は雄花

この樹の枝を編んだ月桂冠を名誉の象徴とした古代ギリシャなど、紀元前から世界各地で親しまれる。日本では明治時代の末に日露戦争戦勝記念で各地に植えられた。花は径１㎝ほど。径８～10㎜の実にもよい香りがあり、搾って油を採るのに使われる。雌雄異株。

赤実種と黄実種

園芸品種‘ローズデール’

分　類：常緑低木
花　期：4～6月
結実期：10～12月
樹　高：2～6m
原　産：西アジア
漢字名：常磐山樝子（ときわさんざし）

生育は旺盛で、挿（さ）し木でも簡単にふえる

樹木全体を覆うほど多くの実が
枝をしならせるようにつく姿は、
冬の街でひときわ鮮やかです。

ピラカンサ

バラ科　*Pyracantha coccinea*

晩秋に鮮やかな色に色づく実は年明け頃まで枝に残り、寂しくなりがちな冬の庭で大きな存在感を持つ。葉のつけ根には短く鋭いトゲがあるため、防犯を兼ねた生け垣に使われることも多い。園芸品種や近縁種には黄色やオレンジ色の実がつくものもある。

初夏には白い小花が咲く

美しく剪定されたクロマツは庭園の主役にふさわしい風格

植林されたアカマツ

分　類：常緑高木
花　期：4〜5月
結実期：翌10月（ゴヨウマツは10月）
樹　高：30〜50m（クロマツ、アカマツ）
漢字名：松

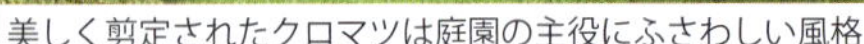

マツの仲間

マツ科　*Pinus*

美しく剪定された庭木から
浜辺を緑豊かに彩る松林まで、
日本の風景には欠かせない存在です。

クロマツの前年の実（左）と雄花（右）

日本を代表する樹木。葉は針のように細く尖り、実は松ぼっくり（松笠）になる。マツの仲間は世界各地に約 200 種あり、日本にはそのうち 22 種が自生。それらを元に作られた園芸品種も多数ある。葉は 2 本ずつ出るのが基本だが、ゴヨウマツは 5 本ずつ出る。

クロマツ（黒松）別名：男松
沖縄を除く日本全国に分布。海辺に多く自生する。葉は太めで固い

アカマツ（赤松）別名：女松
日本でもっとも多い種で、沖縄を除く全国に分布。葉は細くやわらかめ

庭木

蛇の目松
葉の途中に斑が入り、上から見ると蛇の目になる園芸品種の総称

'多行松'
アカマツの園芸品種。葉は上部に茂り、屋根を載せたような樹形になる

ゴヨウマツ（五葉松）
北海道～九州に分布。葉は5本ずつ出る。園芸品種も多く、葉の色や形は多彩

チョウセンマツ（朝鮮松）
朝鮮半島～日本原産。長さ8～12 ㎝の葉が5本ずつ出る。別名は朝鮮五葉（ちょうせんごよう）

ダイオウショウ（大王松）
アメリカ原産で葉がもっとも長いマツ。葉は長さ20～40 ㎝で3本ずつ出る

タカネゴヨウ（高嶺五葉）
中国・台湾原産。長さ8～15 ㎝で灰緑色の葉が5本ずつ出る。別名は華山松（かざんしょう）

近縁種シロバナエニシダ

園芸種ホオベニエニシダ

分　類：落葉低木
花　期：4〜5月
結実期：8〜10月
樹　高：1〜3m
原　産：ヨーロッパ
漢字名：金雀枝

若い枝は立ち上がるが、開花すると重みで枝垂れることが多い

細い枝には弾力があり、
掴んで放すと勢いよく跳ねます。
雨上がりによく弾いて遊びました。

エニシダ

マメ科　*Cytisus scoparius*

花はマメ科ならではの蝶のような形。雄しべ・雌しべは普段花びらの中に隠れているが、昆虫が花に止まると花びらが開いて授粉させるというおもいしろい仕組み。小柄なヒメエニシダ、スペイン・ポルトガル原産の近縁種シロバナエニシダほか、園芸品種も数多い。

鉢ものとして出回るヒメエニシダ

花期
1
2
3
4
5
6
7
8
9
10
11
12

ナツグミは東日本の太平洋側に分布する落葉低木

ナワシログミの斑入り葉種

分　類：落葉低木・常緑低木
花　期：主に4〜5月
結実期：主に6〜7月
漢字名：茱萸

庭木

グミの仲間

グミ科　*Elaeagnus*

実はタネの周りが特に甘く、いつまでも口の中で舐めていたい味です。

ナツグミの花は４〜５月に咲く

黄

仲間には数種類あるが、そのうち市街地近辺で見かけるのはアキグミ、ナツグミ、トウグミ、ナワシログミが多い。ナワシログミは常緑樹だが、そのほかの種類は落葉樹。開花期や結実期は種類によって異なるが、いずれも熟した実は甘く、生で食べられる。

‘ダイオウグミ’（ビックリグミ）
東日本の日本海側に分布するトウグミの変種。実は長さ 1.5 ～2.5 ㎝と大型

アキグミ
北海道南部～九州に分布。開花は4～5月。実は秋に熟す。渋味がやや強い

庭木

ナワシログミの花
西日本の海辺に多い常緑低木。開花は10 ～ 11 月で実は翌年の5～6月に熟す

ナワシログミの実
実が熟す時期が稲の苗代作りと同じ頃であることが名の由来となった

濃紅の花と赤銅色の葉を持つ変種ベニバナトキワマンサク

基本種には白花が咲く

ピンク花の園芸品種

分　類：常緑小高木
花　期：4〜5月
結実期：10〜11月
樹　高：3〜8m
分　布：静岡県・三重県・熊本県
漢字名：常磐満作

トキワマンサク

学名の意味は「ひも状の花びら」。花は確かに束ねたリボンのようで納得の命名です。

マンサク科　*Loropetalum chinense*

細い花びらが多数つく花

明治末期、中国から輸入したランの鉢のすみに生えていた株が日本に入った最初とされたが、その後三重県、熊本県、静岡県で自生する株が発見され、日本原産でもあることがわかったという珍しい経緯を辿った植物。多くの園芸品種があり、花色も多彩。

ヤマグワの雌花

葉の形は多彩だ

分　類：落葉高木
花　期：4〜5月
結実期：6〜7月
樹　高：3〜15m
分　布：北海道〜九州
漢字名：山桑
別　名：マルベリー

生長はとても早く、春から夏にかけて大きく枝を広げる

実が甘く熟すのは蛍が飛び交う頃。
川辺で蛍を待ちつつ実を味わうのが
初夏の楽しみでした。

ヤマグワ

クワ科　*Morus australis Poir*

実は夏に黒く熟し、生で食べられる。葉の形は不定で、１本の木にも多彩な形の葉がついている。養蚕(ようさん)に使われるのは中国原産の近縁種マグワ。蚕都近辺ではそれが野生化していることも多い。姿はよく似るが、ヤマグワは花や実にヒゲのような短い花柱が多数つく。

ヒゲ状の花柱がつかないマグワの実

花期

1
2
3
4
5
6
7
8
9
10
11
12

1本の木でも枝先と下のほうでは葉縁のトゲ数が違うことがある

斑入り葉の園芸品種

アメリカヒイラギ

分　類：常緑小高木
花　期：4〜5月
結実期：11〜1月
樹　高：6〜8m
分　布：西アジア〜ヨーロッパ南部・アフリカ北部
別　名：イングリッシュホーリー

庭木

セイヨウヒイラギ

モチノキ科　*Ilex aquifolium*

日本のヒイラギ(P.382)とよく似ていますが大きな違いは花が咲く季節と実の形。こちらは春咲きで赤い実がつきます。

雌株についた両性花

白

欧米では近縁のアメリカヒイラギとともにクリスマスの木として知られるが、キリスト教以前の古代ローマ時代から聖木として親しまれていた。若い木は葉縁のトゲが多いが、老木は少ない。雌雄異株だが両性花をつける雌株も多く、これらは１本でも実をつける。

雌花

分　類：常緑低木
花　期：4〜6月
結実期：11〜1月
樹　高：2〜5m
原　産：中国
漢字名：支那柊
別　名：ヒイラギモチ、チャイニーズホーリー

径１㎝ほどの大きく色鮮やかな実がたくさんつく

ヒイラギの名がついた
赤い実ものは色々ありますが、
実の大きさではこの木が一番。

シナヒイラギ

モチノキ科　*Ilex cornuta*

葉は日本原産のヒイラギ（P.382）に似るが、トゲの数が少なく、葉全体は四角に近い形。古い木はトゲの数が減る。セイヨウヒイラギ（P.252）の近縁種だが、赤い実はセイヨウヒイラギより大きめ。ツヤのある葉も美しく、クリスマスの時期には鉢植えが多く出回る。

独特の葉形ですぐに見分けられる

幹の白さに対し、枝は黒っぽい。葉は秋に橙色に黄葉する

葉には光沢がある

小さな雌花と長い雄花

分　類：落葉高木
花　期：4～5月
結実期：10月
樹　高：20m
分　布：北海道～中部以北
漢字名：白樺
別　名：シラカンバ

シラカバ

カバノキ科　*Betula platyphylla var. japonica*

九州で育った私には憧れの木でした。今も見かけるたびロマンチックな気持ちになります。

樹皮は薄く、紙のように剥がれる

北国や高原地帯をイメージさせる涼しげな姿が大きな魅力で、庭木として人気が高い。独特の白い樹皮も美しく、細工物に使われるほか、古くは松明(たいまつ)に使う紙の代用にしたという。樹液は食用に加工される。花には雌雄があり、雌花は立ち上がり、雄花は垂れ下がる。

花は下向きに咲く

秋に熟す実

分　類：落葉低木
花　期：4～5月
結実期：10～11月
樹　高：約2m
分　布：関東～九州
漢字名：目木
別　名：コトリトマラズ

紅色の葉が茂る園芸品種‘アトロプルプレア’

季節ごとに葉色が変わる品種も多く、
花壇を彩るカラーリーフプランツ
として高い人気があります。

メギ

メギ科　*Berberis thunbergii*

名は葉や枝を煎じた汁が眼病に効くとされたことに由来。別名は枝に大きく鋭いトゲがあることからついたもの。樹皮は縦に割れやすく、枝が縞模様に見えることもある。紅紫色の‘アトロプルプレア’、夏には緑がやや濃くなる黄葉種‘オーレア’ など園芸品種も多い。

小型の園芸品種‘オーレア’

花期

1
2
3
4
5
6
7
8
9
10
11
12

真冬のボタン展で見られるのは開花期を調整した冬ボタンが主

園芸品種'花競(はなきそい)'

分　類：落葉低木
花　期：4～5月、12～1月
結実期：6～7月
樹　高：1～2m
原　産：中国
漢字名：牡丹
別　名：花王(かおう)、深見草(ふかみぐさ)

庭木

ボタン

ボタン科　*Paeonia suffruticosa*

「百花の王」と讃えられるボタン。江戸時代にはすでに160以上の園芸品種があったそうです。

中国では唐代から栽培され、日本には天平時代に薬用として渡来した。園芸品種は数多く、近縁種のキボタンやシャクヤクとの交配も多い。寒ボタンは春と秋に開花する二季咲き性種。冬ボタンは春咲きの株を真冬に開花するよう温度などを調整して栽培したもの。

園芸品種'島錦(しまにしき)'

紫
ピンク
赤
黄
白

園芸品種'レボリューション・ゴールド'の葉

分　類：常緑低木
花　期：4～6月
結実期：7～8月
樹　高：60cm～3m
原　産：オーストラリア
別　名：ティーツリー

ブラクテアタ種の園芸品種'レボリューション・ゴールド'。通称は金香木

花はブラシノキ(P.292)にそっくり。
同じフトモモ科の植物なので
いとこ同士のような関係でしょうか。

メラレウカ

フトモモ科　*Melaleuca*

オーストラリアではこの属の植物をティーツリーと総称する。細葉が茂るブラクテアタ種や精油を採るレウカデンドラ種など多くの種がある。近縁レプトスペルマム属植物もティーツリーと呼ばれるが、日本の市場ではこれもメラレウカと呼ぶことがあるので注意。

紅葉する園芸品種'レッド・ジェム'

名には男とつくが、全体は華奢で優しい風情がある

完熟した実は赤くなる

分　類：落葉低木
花　期：4〜6月
結実期：8〜11月
樹　高：2〜3m
分　布：本州〜九州
漢字名：男莢迷

オトコヨウゾメ

レンプクソウ科　*Viburnum phlebotrichum*

秋の雑木林の中では
鮮やかな実の色が
よく目立ちます。

花は径6〜9㎜で白や淡紅色になる

一風変わった名が印象的。ビバーナム（ガマズミ）の仲間（P.272）であり、ガマズミの方言ヨウゾメに男をつけたと言われるが、詳しいことはわかっていない。実は果実酒に使われるが、生では苦みが強く食べられない。実が黄色のキミノオトコヨウゾメもある。

カルミア

ツツジ科 *Kalmia latifolia*

分　類：常緑低木
花　期：4～5月
樹　高：2～5m
原　産：北アメリカ
別　名：花笠石楠花（はながさしゃくなげ）、アメリカシャクナゲ

独特の花はほかの木とまちがいようがない。原産地では高木に育つが、日本では低木として扱われる。園芸品種も数多く、花びらの模様は多彩。

雄しべを骨に見立てると、花はまさに傘の形

開いた花も蕾も、まるで砂糖菓子のようなかわいらしさです。

ヘーベ

オオバコ科 *Hebe*

分　類：常緑低木
花　期：4～6月
樹　高：1～2m
原　産：南米～オセアニア
別　名：トラノオノキ

日本に入ったのは1960年代。園芸品種数はとても多く、欧米では広く普及しているが、高温多湿に弱く、日本で出回る品種はそれほど多くない。

ニュージーランド原産のスペキオサ種

学名のヘーベはギリシャ神話に登場する青春の女神の名です。

花期

1
2
3
4
5
6
7
8
9
10
11
12

つるの新芽や果皮も食用になり、みそ炒めや天ぷらにする

生け垣仕立てのミツバアケビ

分　類：落葉つる性木本
花　期：4〜6月
結実期：10〜11月
分　布：本州〜九州
漢字名：木通

庭木

アケビ

アケビ科　*Akebia quinata*

実はタネが多く食べにくいのですが、完熟した甘さは本当に格別。秋にしか出会えない美味です。

葉は5枚の小葉が掌状（しょうじょう）につく。実は青紫色で、熟すと褐色になる。タネの周囲はやわらかなゼリー状で甘く、生食できる。つるは丈夫で、乾燥させて籠や吊り橋の材料にする。３枚葉のミツバアケビ、アケビとミツバアケビの雑種で葉先がやや尖るゴヨウアケビもある。

紫

白

熟した実は自然に裂けて割れる

アケビの花
白く数が多いのは雄花で、雌花は1～3輪つく。花びらに見える部分は萼(がく)

ミツバアケビの花
大きめの雌花と小さな雄花。どちらも同じ濃い赤紫色になるのが特徴

庭木

白実アケビの実
白い実がなる園芸種で白花が咲く。葉やつるの色もやや白っぽいものが多い

ミツバアケビの実
アケビに比べると形がやや丸く、色も濃い。熟すと裂ける点は同じ

つるを垣根に絡ませた生け垣仕立ても多い

花びらに見えるのは萼

分　類：常緑つる性木本
花　期：4～5月
結実期：10～11月
分　布：関東～沖縄
漢字名：郁子
別　名：常葉通草（ときわあけび）

ムベ

アケビ科　*Stauntonia hexaphylla*

一年中変わらない緑も
葉陰に実が熟す秋は
いつもより特別な存在に感じます。

実は熟しても皮が裂けない

姿は近縁種でもあるアケビ（P.260）と似るが、ムベの葉は常緑で大きく、葉先が尖るのが特徴。花が6弁で大きいこと、実が赤紫色に完熟しても裂けない点も区別のポイントになる。熟した実はアケビと同じくタネが多いゼリー状でとても甘く、生で食べられる。

ウエストリンギア

シソ科　*Westringia fruticosa*

分　類：常緑低木
花　期：4〜10月が主
樹　高：1〜105m
分　布：オーストラリア東部
別　名：オートスラリアン
　　　　ローズマリー

ふんわりと茂る姿が美しい。寒さに弱いので鉢植えの若い株は冬は室内に置くほうが無難。多湿にも弱く、夏は下葉が枯れこむこともある。

緑葉のほか斑入り葉・銀葉などもある

別名にローズマリーとつきますが、分類上は無関係。葉も香りません。

ワックスフラワー

フトモモ科　*Darwinia uncinata*

分　類：常緑低木
花　期：4〜6月
樹　高：1.5〜3m
原　産：オーストラ
　　　　リア西部

松葉状の葉がつく枝の先に小さな花が数輪ずつ咲く。5度以下の低温や高温多湿に弱く、真冬や真夏には下のほうの葉が枯れて落ちてしまうことも多い。

花色にはピンクのほか白〜紫などがある

花の中心部はミルククラウンのようなかわいい形をしています。

多数の雄しべが出る穂状の花は、まるでブラシのような形

野鳥が好む花

分　類：落葉高木
花　期：4〜5月
結実期：7〜8月
樹　高：約20m
分　布：北海道南西部〜九州北部
漢字名：上溝桜
別　名：金剛桜（こんごうざくら）

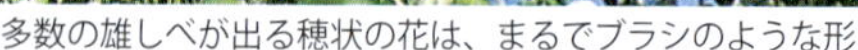

ウワミズザクラ

バラ科　*Prunus grayana Maxim.*

花・実・樹皮・材木すべてに用途があり、古くから暮らしに密着してきた木です。

熟しかけの実。完熟すると黒くなる

古くは木材を占いに使ったが、この時板の上面に溝を彫ったことが名の由来である。木材は家具や道具の柄に加工されるほか、樹皮は工芸品や染料に、実は果実酒や薬用に使われるなど、用途はとても広い。越後地方ではつぼみや若い実の塩漬け（杏仁香（あんにんご））を食用にする。

オオミサンザシの花

オオミサンザシの実

分　類：落葉低木
花　期：4～6月
結実期：9～10月
樹　高：2～3m
原　産：中国
漢字名：山樝子
別　名：メイフラワー

セイヨウサンザシの園芸種でピンクの花が咲くアカバナサンザシ

キリストが受難の際に被った荊冠は
この枝で作ったという伝説があり、
西洋では聖なる木とされています。

サンザシ

バラ科　*Crataegus cuneata*

サンザシの仲間はとても数が多く、園芸種も含めると１千に及ぶ。主な種類には一重咲き白花のサンザシ、黄実がつくキミノサンザシ、黒実がつくクロミサンザシ（エゾサンザシ）、実が大きなオオミサンザシ、セイヨウサンザシなどがある。実を食用・薬用とする。

サンザシ(右)とアカバナサンザシ(左)

花期

1
2
3
4
5
6
7
8
9
10
11
12

一重～八重咲きなど、多くの園芸品種があり、花色も豊富

白花が咲く園芸品種

小型のヒメライラック

分　類：落葉低木
花　期：4～6月
結実期：9～10月
樹　高：2～5m
原　産：ヨーロッパ
別　名：リラ、紫丁香花（むらさきはしどい）

庭木

ライラック

モクセイ科　*Syringa vulgaris*

なんといっても魅力はその香り。花盛りにはあたり一面が品のよい芳香に包まれます。

花が八重咲きになる園芸品種

紫
ピンク
赤
白

日本に初めて入ったのは明治時代の北海道札幌市。以来同市では特に親しまれ、市の木に制定されているほか、今も毎年５～６月にはライラックまつりが開かれる。和名は日本原産の近縁種ハシドイに由来。ハシドイは端集と書き、枝先に集まるという意味がある。

花期
1
2
3
4
5
6
7
8
9
10
11
12

アズマシャクナゲ

ホソバシャクナゲ

分　類：常緑低木
花　期：4～7月
結実期：8～10月
樹　高：1～7m
原　産：東アジア
漢字名：石楠花
別　名：ロードデンドロン

西洋シャクナゲは華やかさと育てやすさで人気が高い

庭木

樹上にたくさんの花束を掲げたような華やかさが最大の魅力。花色の多彩さも自慢です。

シャクナゲの仲間

ツツジ科　*Rhododendron*

世界各地の亜寒帯～熱帯に広く分布し、日本にもアズマシャクナゲやホンシャクナゲ、ホソバシャクナゲなど多くの原種がある。これらを元に作られた園芸品種も多く、花色は実に多彩。欧米で品種改良された園芸品種群は西洋シャクナゲと呼ぶことが多い。

日本原産のホンシャクナゲ

紫
ピンク
赤
黄
白

花期 1 2 3 4 5 6 7 8 9 10 11 12

庭木

日本に入ったのは奈良時代以前。古くから食用・薬用とした

縦の割れ目が入る樹皮

大実ナツメ

分　類：落葉高木
花　期：4〜7月
結実期：9〜11月
樹　高：5〜10m
原　産：中国
漢字名：棗

ナツメ

クロウメモドキ科　*Ziziphus jujuba*

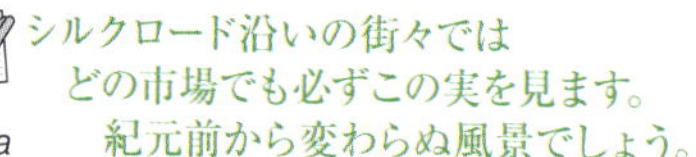

名の由来にはタネからの発芽が遅く初夏になってからであること、晩夏に実が熟すことなど、数説ある。葉のつけ根につく黄緑色の花は小さくあまり目立たない。暗赤色に熟す実は生食もできるが、砂糖漬けやドライフルーツ、お茶などに加工されることが多い。

学名の響きも楽しい

黄

ムレスズメ

マメ科　*Caragana sinica*

分　類：落葉低木
花　期：4～6月
樹　高：1～2m
原　産：中国
漢　名：群雀

枝にあるトゲは葉のつけ根についた托葉(たくよう)が変化したもの。葉とともに出る托葉には中心部に芯があり、落葉後は芯が固いトゲになって枝に残る。

花は黄色から赤黄色へと変わる

細い枝から吊り下がりわずかな風にも揺らぐ花の姿が可憐です。

コンロンカ

アカネ科　*Mussaenda parviflora*

分　類：常緑半つる性低木
花　期：3～5月（原産地）
結実期：10～12月（原産地）
樹　高：12～3m
原　産：九州～沖縄
漢　名：崑崙花

白いのは萼の一部で正式な花は黄色。近縁のヒロハコンロンカは本州にも分布するが、本種は亜熱帯の木。花が美しく室内向け鉢物として出回る。

赤花の近縁種ヒゴロモコンロンカもある

純白の萼に小さな星のような花。ほかにはない花姿が魅力です。

アジサイ科の落葉低木ウツギ

枝は内部が空洞になる

バイカウツギ(アジサイ科)

分　類：落葉低木・小高木
花　期：4月～7月
漢字名：空木
別　名：卯(う)の花(はな)

ウツギの仲間

アジサイ科・スイカズラ科

『夏は来ぬ』で歌われるウノハナはアジサイ科のウツギのこと。歌の通り、初夏に花開きます。

ウツギの開花は5～7月

ウツギの名がつく樹木は多いが、主なものはアジサイ科とスイカズラ科に属する。アジサイ科にはウツギ、バイカウツギ、ヒメウツギなど、スイカズラ科にはタニウツギ、ハコネウツギ、ニシキウツギなどがある。ウツギの名は枝の内部が空洞になることに由来。

ヒメウツギ（アジサイ科）
関東〜九州に分布する落葉低木。4〜5月に純白の花が咲く。鉢栽培も多い

タニウツギ（スイカズラ科）
北海道〜本州の日本海側に分布する落葉小高木。5〜7月に開花する

オオベニウツギ（スイカズラ科）
タニウツギの園芸品種。5〜7月に濃い紅色の花が咲く

ハコネウツギ（スイカズラ科）
北海道〜九州に分布する落葉小高木。咲き始めは白、のち紅色に変わる

径10cm以上の球状で4～6月に開花するオオデマリ（別名テマリバナ）

カンボクの実

ヤブデマリの実

分　類：落葉低木～小高木
花　期：主に4～7月
結実期：主に9～11月

ビバーナムの仲間

レンプクソウ科　*Viburnum*

花は澄んだ純白や浅緑。さわやかな風情が初夏によく似合います。

ヤブデマリの園芸種オオデマリ

カンボクやオオデマリ、ヤブデマリの花はアジサイ（P.142）と似ている。花の構造も同じで、花に見えるのは萼（がく）が変化した装飾花（そうしょくか）。正式な花はその中心部分に集まって咲く。アジサイと異なり、装飾花は5弁形である。ガマズミを除き、実は苦く食用にならない。

カンボク
北日本に分布。落葉小高木。開花は5〜7月。秋に熟す実はとても苦い

ヤブデマリ
本州〜九州に分布。落葉低木。開花は5〜6月。実は8〜10月に赤く熟す

テマリカンボク
東北以北に分布するカンボクの変種。大きな球状になる花は5〜7月に開花

スノーボール（セイヨウテマリカンボク）
カンボクの園芸種。咲き始めは緑色で徐々に白くなる。実はつかない

ガマズミの花
北海道～九州に分布。落葉低木。開花は5～6月。花に独特の匂いがある

ガマズミの実
実は9～11月に熟し、やや酸味が強いが食用になる。黄実がつく品種もある

ゴマギ
関東～沖縄に分布。落葉高木。枝葉にはゴマに似た香りがある。4～6月開花

ハクサンボク
関東～沖縄に分布。常緑低木～小高木。開花は3～5月。実は晩秋に赤く熟す

白花の園芸種

枝が匍匐するタイプの園芸種

分　類：常緑低木
花　期：4〜10月
原　産：地中海沿岸
別　名：迷迭香（まんねんろう）

ローズマリー

シソ科　*Rosmarinus officinalis*

ハーブの中でも特にポピュラー。今や日本の暮らしに定着した感があります。

高い人気を誇るハーブのひとつ。日本に入ったのは意外と古く、江戸時代から薬用植物として知られていた。交配で作られた園芸品種も含め種類は非常に多いが、枝が上向きに伸びる立ち性タイプ、低く這う匍匐（ほふく）性タイプ、それらの中間タイプの３つに大別できる。

立ち性の園芸種

花期
1
2
3
4
5
6
7
8
9
10
11
12

花の形や香りは近縁のスイカズラ（P.277）とよく似ている

花色は数日たつと黄変する

アカバナヒョウタンボク

分　類：落葉低木
花　期：4〜6月
結実期：7〜9月
樹　高：1〜2m
分　布：北海道南部〜本州・四国
漢字名：金銀木
別　名：ヒョウタンボク

庭木

キンギンボク

スイカズラ科　*Lonicera morrowii*

実はとてもきれいな色で見るからにおいしそうですが、人間は食べられないのが残念。

実は美しいが有毒で食べられない

咲き始めは白く、咲き終わる頃は黄色になる花色から名がついた。別名は実が2つつながった姿がヒョウタンに似ることに由来する。実は小鳥たちが好んで食べるが、人間にとってはかなり強い毒があるので注意が必要。実が黄色のキミノキンギンボクもある。

ピンク
白

園芸種ゴールドフレーム

ツキヌキニンドウ

暖地では明るい林内や道端に自生していることも多い

分　類：半常緑つる性木本
花　期：5〜6月
結実期：9〜12月
分　布：北海道南部〜沖縄
漢字名：忍冬
別　名：金銀花（きんぎんか）、ハニーサックル

花の香りは夜に一層濃くなります。
夏の夜の庭を歩くのは
この香りが一番の楽しみ。

スイカズラ

スイカズラ科　*Lonicera japonica*

冬も葉が落ちないことから忍冬（すいかずら）の字が当てられたが、寒地では冬に落葉することも多い。乾燥させた若葉はお茶に、花は酒の香りづけに使われる。北アメリカ原産の近縁種ツキヌキニンドウは花の近くの2枚の葉がくっつき、枝が突き抜けて見えることから名がついた。

花は開花後しばらくたつと黄色くなる

半日陰を好み、陽当たりがよすぎると葉が傷むことも。生長は遅い

秋に黒く熟す実

分　類：常緑小高木
花　期：5〜6月
結実期：10〜11月
樹　高：約10m
分　布：本州〜九州
漢字名：灰の木
別　名：イノコシバ

ハイノキ

ハイノキ科　*Symplocos myrtacea*

楚々とした風情を和の庭に合わせるなら、
枝が混みすぎないよう剪定し、
すっきりした姿にするのがおすすめ。

花は径1.2cmほど。雄しべと花弁はほぼ同じ長さになる

この木から染色の媒染剤に使う灰を採ることから名がついた。ギンバイカ（P.279）と似ているが、こちらの花は少し小さく雄しべの数も少ない。葉の縁に浅いギサギザ(鋸歯)があること、株全体がやや大きいことも区別のポイント。生長は遅めで樹形を保ちやすい。

斑入り葉の園芸種

熟した実は黒紫色になる

分　類：常緑低木
花　期：5月
結実期：10〜11月
樹　高：1.5〜2m
原　産：地中海沿岸
漢字名：銀梅花
別　名：ミルテ、マートル

葉にはユーカリに似た香りがある。写真は葉が紅色の園芸種

実は黒くなっただけではまだ強い渋味が残ります。シワが寄るまで追熟させるのがコツ。

ギンバイカ

フトモモ科　*Myrtus communis*

古代ギリシャでは愛の女神ビーナスを象徴する花で、今もヨーロッパでは結婚式などの祝事で飾られる。英国王室代々の婚礼で花嫁のブーケに使われることでも知られる。実は果実酒やスパイスに利用される。甘い実をつけるシルキーベリーは生食用白実品種。

花は径2cmほどで雄しべが目立つ

花期
1
2
3
4
5
6
7
8
9
10
11
12

盛夏に一時開花を休み、初秋に再び開花することが多い

花には強い芳香がある

分　類：常緑低木
花　期：5～7月・9～10月
樹　高：1～3m
原　産：ブラジル南部
漢字名：匂蕃茉莉

庭木

ニオイバンマツリ

ナス科　*Brunfelsia australis*

花の香りが強いのは夜間。
夜道でこの花に出会うと
香りの強さに驚くほどです。

紫
白

咲き始めは紫で2日ほどで徐々に白くなる

明治時代に渡来。花の美しさと香りのよさで長く親しまれる。熱帯植物で原産地では冬～春に開花するが、日本では春～初秋の開花が多い。関東以南なら戸外で地植えにできる。１株でもたくさんの花がつき花色も徐々に変わるので、花盛りの姿はとても華やか。

日本には雌株が多いが、
実がつく株は少ない

分　類：落葉低木
花　期：5〜6月
結実期：8〜9月
樹　高：約3m
原　産：中国
漢字名：姫五加

花は星形で小さく、球形にまとまって咲く

山形庄内地方で親しまれるウコギ垣。
食用を兼ねた生け垣として
古くから利用されています。

ヒメウコギ

ウコギ科　*Eleutherococcus sieboldianus*

薬用植物として渡来し、現在も根や樹皮を生薬として利用する。日本原産の近縁種ヤマウコギとともに東北地方では生け垣にすることも多い。春の若葉は食用になり、おひたしやウコギ飯などにする。枝にはトゲがある。雌雄異株。斑入り葉の園芸品種もある。

香りがよく、ほろ苦い味の若葉

多くの園芸品種の元ともなっているノダフジ

実は長いサヤ状になる

分　類：落葉つる性木本
花　期：5月
結実期：10～12月
分　布：本州～九州
漢字名：藤

フジの仲間

マメ科　*Wisteria*

満開の花房が連なる華麗さは
この花だけが持つ魅力。
世界に誇れる日本の花木です。

園芸品種'桃花美短(ももかぴたん)'

世界中で愛される花木で、数多くの園芸品種がある。これらの元になっているのは日本原産のノダフジとその近縁種ヤマフジ、中国原産のシナフジである。ノダフジのつるは上から見て時計回りに巻き、それ以外は逆に巻く。かつては樹皮の繊維で布を織った。

'口紅フジ'（くちべに）
ノダフジの園芸品種で正式名はアケボノフジ。花房の長さは 25 ㎝ほどになる

'黒龍'（こくりゅう）
ノダフジの代表的な園芸品種で、古くから親しまれる。花房の長さは約 30 ㎝

'ノダナガフジ'
花房が特に長いノダフジの園芸品種。写真は花房が 2m 以上の品種・九尺藤（きゅうしゃくふじ）

'シロバナフジ'
ノダフジの園芸品種。花房の長さは 20 ～ 30 ㎝で、一輪一輪はやや大きめ

'紫花美短'
ヤマフジの代表的な園芸品種。花房の長さは 10 ～ 15 ㎝とやや短め

'白花美短'
ヤマフジの代表的な園芸品種で正式名シロバナヤマフジ。花房の長さは 10 ～ 15 ㎝

山の神を招く天道花

「天道花」は旧暦4月8日に山から採った季節の花を束ねて長い竹棹の先端に飾りつけ、庭先に立てる行事。近畿から四国・中国地方に古くから伝わる五穀豊穣を祈る神事で、「高花」「花折」とも呼ばれます。花々を捧げることで山の神を招き、田畑の守り神となってもらおうというもので、掲げる花にはその頃に盛りとなるツツジやシャクナゲ、フジなどが使われます。

旧暦4月8日は新暦では5月にあたりますが、これはのちの鯉のぼりを揚げる行事の原型とも言われ、かつては各地の家々で行われていました。現代ではほとんど見かけなくなりましたが、京都・下京区の天道神社では今も毎年5月 17 日にこの神事が行われています。

弓形に吊り下がる実

園芸品種'ハツユキカズラ'

花は咲き始めは白く、のちに淡黄色に変わる

分　類：常緑つる性木本
花　期：5〜6月
結実期：10〜11月
分　布：本州〜九州
漢字名：定家葛
別　名：マサキノカズラ

名の由来となった伝説は金春禅竹作の能『定家』でもよく知られています。

テイカカズラ

キョウチクトウ科 *Trachelospermum asiaticum*

名は愛する式子内親王を喪った藤原定家が悲しみの余り葛に化身して彼女の墓に絡んだという伝説に由来。古い葉は紅色がかる。枝や葉は乾燥させ薬用とする。'ハツユキカズラ'、ゴシキカズラは斑入り葉の園芸品種。九州南部〜沖縄にはオキナワテイカカズラが分布。

ジャスミンに似た香りがある花

近縁のネズミモチ(P.130)に似るが、こちらは葉が薄くやわらかい

花はほのかに香る

分　類：落葉低木
花　期：5〜6月
結実期：10〜12月
樹　高：2〜4m
分　布：北海道〜九州
漢字名：水蝋樹

イボタノキ

モクセイ科　*Ligustrum obtusifolium*

一見地味ですが、
ライラックに似た小さな花が
とてもかわいらしい木です。

花一輪は長さ4〜9㎜と小さい

病害虫に強くて刈り込みにも耐えるため、道路沿いの生け垣に向くほか、近縁種ライラック（P.266）を接ぎ木する際の台木に使われることも多い。樹皮につくイボタロウムシの分泌物は、木工品の仕上げや日本刀の手入れに使う上質な蠟（ろう）（イボタロウ）の原料となる。

熟す前の若い実

紅花が咲く園芸種

分　類：落葉小高木
花　期：5～6月
結実期：8～9月
樹　高：7～15m
分　布：北海道～沖縄
別　名：萵苣（ちしゃ）の木（き）

花や実は葉陰に吊り下がるようにつく

枝を大きく振ると
かわいらしい花や実も
一斉に揺らぎます。

エゴノキ

エゴノキ科　*Styrax japonica*

別名は萵苣（ちしゃ）の木（き）で、歌舞伎『伽羅先代萩（めいぼくせんだいはぎ）』に登場するチサの木はこの木を指す。実は熟すと割れ、中から黒褐色のタネが現れる。果皮に含まれる成分サポニンが舌を刺激する（＝えぐい）というのが名の由来。サポニンの発泡性を利用し、古くは洗剤の代用とした。

花にはほのかな香りがある

花期

1
2
3
4
5
6
7
8
9
10
11
12

フサスグリの実は径７～８㎜と小さめで甘酸っぱい

フサスグリの花

分　類：落葉低木
花　期：5～6月
結実期：7～9月
樹　高：0.7～1m
分　布：世界各地
漢字名：酸塊
別　名：カラント、カシス、グースベリー

庭木

スグリの仲間

スグリ科　*Ribes*

皮が薄く透き通って見える実は
味だけでなく目にもおいしい美しさ。
初夏の庭の宝石です。

ヨーロッパ～アジア北西部原産で実が房になるフサスグリ、ユーラシア大陸～北アフリカ原産のセイヨウスグリ、アメリカ原産のアメリカスグリなどのほか、日本にも数種類が自生する。それぞれの園芸品種も数多い。いずれも夏から秋に熟す実を食用にする。

フサスグリの実は鮮赤色に熟す

黄

白実フサスグリ（ホワイトカラント）
フサスグリの白実種で酸味は少ない。実径は７～８㎝で房状になる

クロスグリ（ブラックカラント、カシス）
ユーラシア大陸に広く分布。実は径１㎝で強い酸味と独特のクセがある

セイヨウスグリ（グースベリー）
実は径１㎝、枝に鋭いトゲがつく。多くの園芸品種がある。別名マルスグリ

'ピクスウェル'
アメリカスグリの園芸品種。実は径１㎝で暗紫色に熟す。酸味は少ない

花柄が伸びるのは雌株のみ。雄株はふわふわの姿にならない

プルプレウス種

花はごく小さい

分　類：落葉低木～小高木
花　期：6月
結実期：9～10月
樹　高：5～8m
原　産：南ヨーロッパ～中国
別　名：煙(けむり)の木(き)、ハグマノキ

スモークツリー

ウルシ科　*Cotinus coggygria*

花時よりも花後のほうが華やかな姿になるちょっと珍しい花木です。

花柄が伸び始めた花

花を支える軸（花柄(かへい)）が花後に長く伸び、ふわふわと絡まるような姿を煙に例えて名がついた。雌雄異株と同株のものがある。枝がしだれる変種‘ペンデュルス’、葉や花柄が紫色の‘プルプレウス’、赤紫色の葉がつく園芸品種‘ロイヤル・パープル’など多くの種類がある。

コバノズイナ

ズイナ科　*Itea virginica*

分　類：落葉低木
花　期：5～6月
結実期：9月
樹　高：1～1.5m
原　産：北アメリカ
漢字名：小葉の瑞菜

日本原産のズイナの近縁種で明治時代に渡来。花穂長は約10㎝。'ヘンリーズガーネット'は長い花穂と紅葉の美しさで人気が高い園芸品種。

茶花としても親しまれる

初夏は白花が多いのですが、この木は枝が紅色で花の白さを一層引き立てています。

キングサリ

マメ科　*Laburnum anagyroides*

分　類：落葉小高木
花　期：5～6月
結実期：9～11月
樹　高：5～8m
原　産：ヨーロッパ中南部
漢字名：金鎖

花や実はフジ（P.282）に似るが、つる性ではなく、葉も柄の先端に3枚の小葉がつく形。暑さに弱く、関東以北のほうが育ちやすいようだ。

園芸品種の中には花房が70㎝長に及ぶものも

別名は黄花藤（きばなふじ）。ヨーロッパの雰囲気を持つなんとも華やかな花木です。

花期
1
2
3
4
5
6
7
8
9
10
11
12

花の先端から枝が伸びるという珍しい性質を持つ

黄花の園芸品種

近縁種シロバナブラシノキ

分　類：常緑低木～小高木
花　期：5月・10月
結実期：翌7～12月
樹　高：2～3m
原　産：オーストラリア
別　名：カリステモン、金宝樹（きんぽうじゅ）

庭木

ブラシノキ

フトモモ科　*Callistemon*

一度見たら忘れられない
独特の姿をしています。
名前もそのものズバリですね。

春と秋の年２回開花する品種もある

ピンク
赤
黄
白

小さな花が集まって咲く姿がコップを洗うブラシにそっくりなことから名がついた。ブラシの毛に見えるのは雄しべ。花びらもあるが、ごく小さく目立たない。実は１年～１年半かかって熟す。実は熟した後も木質化して枝に残り、時には数年間ついていることもある。

ベル型の小さな花が咲く

秋の紅葉も美しい

実は熟す過程で黄色から紅色、濃い藍色へと色が変わる

分　類：落葉・半落葉低木
花　期：5〜6月
結実期：7〜8月
樹　高：1〜3m
原　産：北アメリカ
別　名：酢(す)の木(き)

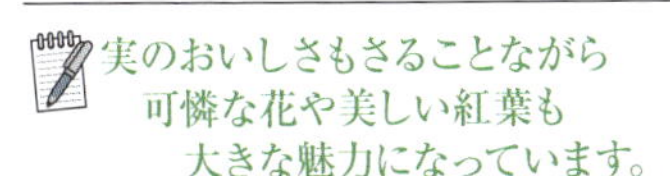

ブルーベリー

ツツジ科　*Vaccinium*

日本原産のスノキの仲間。アメリカで栽培が始まったのは 20 世紀以降、日本での栽培は 1960 年代からという比較的新しい果樹。栽培が多いのは寒さに強いハイブッシュ系、暖地向きのラビットアイ系の 2 系統。園芸品種も多く、花の色や実径は品種によって異なる。

ハイブッシュ系の品種'ウェイマウス'

落葉後の実はよく目立ち、鳥に食べられやすい

葉のつけ根につく雌花

分　類：落葉つる性木本
花　期：5〜6月
結実期：10〜11月
分　布：北海道〜沖縄
漢字名：蔓梅擬

ツルウメモドキ

ニシキギ科　*Celastrus orbiculatus*

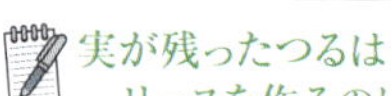
実が残ったつるはリースを作るのにぴったり。実のきれいな色も長く残ります。

実は熟すと割れ、朱色のタネが出る

ウメモドキ（P.295）に似たつる性植物というのが名の由来で、ウメモドキとは別科の植物。タネは落葉後も長く枝に残る。葉はウメ（P.12）の葉に似ている。山口県以南に自生する近縁種テリハツルウメモドキは半常緑植物でやや堅くツヤのある葉がつく。雌雄異株。

葉のつけ根につく雌花

シロウメモドキの実

落葉後は実の赤色が目立ち、もっとも華やかな風情になる

分　類：落葉低木
花　期：6〜7月
結実期：11〜12月
樹　高：2〜3m
分　布：北海道南部〜九州
漢字名：梅擬

実や紅葉の話題が多い木ですが、細い枝がふわりと横に広がる繊細な樹姿もすてきです。

ウメモドキ

モチノキ科　*Ilex serrata*

初夏に紅色がかった白い花が咲き、秋には実がつややかな赤に熟す。紅葉も美しい。ウメモドキの名は葉の形や枝ぶりがウメ（P.12）と似ていることからついたもの。白い実がつくシロウメモドキ、黄色の実がつくキミウメモドキもある。雌雄異株。

葉陰につく実は径5㎜ほど

若い木は幹が細く、枝の重さで傾きながら育っている木も多い

花は径6～7㎜と小さい

分　類：常緑小高木～高木
花　期：5～7月
結実期：9～10月
樹　高：2～18m
原　産：地中海沿岸
別　名：橄欖（かんらん）

オリーブ

モクセイ科　*Olea europaea*

ギリシャの旅で印象に残るのは
風に揺れるオリーブ畑の音風景。
さらさらと気持ちのよい音でした。

実は熟すと暗褐色や黒色になる

細い葉はやや固く、裏面は銀白色がかる。雌雄異株ではないが、1本だけでは開花しても実がつかないことが多い。実は油を採るほか食用にもなる。オイル漬けや塩漬けに加工されるが、強いアクがあり、食用にするには長時間のあく抜きなどかなり手間がかかる。

ニワフジ

マメ科　*Indigofera decora*

分　類：落葉小低木
花　期：5～6月
樹　高：30～60㎝
分　布：中部～九州
漢字名：庭藤

本来は川辺の岩場に自生する植物で、名は巌藤（いわふじ）が転化したものと考えられている。フジ（P.282）に似た花は紅紫色。白花が咲く園芸種もある。

花はフジに似た穂状になるが、垂れ下がらない

自生地での樹高は低めですが、庭植えが育つと1m以上になることも。

ツリバナ

ニシキギ科　*Euonymus oxyphyllus*

分　類：落葉低木
花　期：5～6月
結実期：9～10月
樹　高：1～4m
分　布：北海道～九州
漢字名：吊花

薄紫色の小さな花が長い軸から吊り下がる姿はまさに名前通り。実も同じく長い軸から吊り下がる。実は熟すと割れ、中から朱色のタネが出てくる。

実が熟す頃、葉は赤紫色に紅葉する

小さな花はわずかな風にも揺れるので、撮影はいつも苦労します。

割れた実から出てくる朱色のタネも紅葉に劣らず美しい

枝についた翼（よく）

コマユミ

分　類：落葉低木
花　期：5〜6月
結実期：10〜11月
樹　高：1〜3m
分　布：北海道〜九州
漢字名：錦木

ニシキギ

ニシキギ科　*Euonymus alatus*

枝にできる翼は本当に不思議。
何のために生えるのか
まだわかっていないそうです。

名の由来である美しい紅葉

鮮やかな朱赤色に染まる紅葉の見事さを錦に例えたのが名の由来。その美しさから庭木や盆栽に広く使われる。初夏の花は淡い緑色であまり目立たない。若い枝にコルク質で板状の翼ができるのも大きな特徴。翼（よく）ができない種類はコマユミとして区別される。

初夏に咲く花

分　類：落葉小高木
花　期：5〜6月
結実期：10〜11月
樹　高：3〜5m
分　布：北海道〜九州
漢字名：檀、真弓

実の皮が赤い園芸品種、緋玉（ひだま）。まだ実は割れていない

花は紅葉や実に比べると地味ですが、
小さな白い十字架のような
かわいらしい姿をしています。

マユミ

ニシキギ科　*Euonymus sieboldianus*

白や薄紅色の皮（蒴（さく））を割って出てくる鮮やかな朱赤色の実には濡れたようなツヤがあり、とても美しい。木材は堅牢でよくしなるため古くから弓の素材に使われ、名もそこに由来する。長く雌雄異株とされてきたが、近年は同株または不完全異株と考えられている。

庭植えでは樹高を低く仕立てることが多い

渋柿の実から作られる柿渋は防腐剤として広く利用される

雌花

雄花

分　類：落葉高木
花　期：5〜6月
結実期：9〜11月
樹　高：5〜15m
分　布：本州〜九州
漢字名：柿の木

カキノキ

カキノキ科　*Diospyros kaki*

枝に赤々とした実を残しながら
晩秋の陽を浴びて立つ姿は
日本の原風景のひとつ。

「柿若葉」は夏の季語でもある

日本を代表する果樹。全国各地に数多くの品種があり、実の形や色は様々。中国にもカキノキはあるが甘柿は日本独自に発達したものだ。現在栽培される品種の起源は日本原産のヤマガキが改良されたという説と中国から渡来したという説があるが、はっきりしない。

‘富有’（完全甘柿）
岐阜県瑞穂市発祥。日本で最も多く栽培されている品種。ゴマは少ない

‘禅寺丸’（不完全甘柿）
神奈川県川崎市原産。最古の甘柿として昭和初期まで広く流通した

‘菊平’（不完全甘柿）
兵庫県伊丹市原産。台柿とも呼ばれる。へたの周囲が盛り上がるのが特徴

‘甘四ツ溝’（不完全甘柿）
静岡県原産。小さめの角型で四方がくぼむ。完全渋柿の品種 ‘四ツ溝’ もある

‘絵御所（えごしょ）’（不完全甘柿）
奈良県御所（ごせ）市発祥の御所柿を元に岐阜県で作られた。皮に入る模様が特徴

ロウヤガキ（老鴉柿）
盆栽に使う観賞用品種。中国原産で日本には1940年代に入った。雌雄異株

‘黒柿（くろがき）’（不完全甘柿）
実は小ぶり。皮は黒いが内部は橙色。古木は高級材として珍重される

マメガキ（豆柿／完全渋柿）
柿渋を採るために広く栽培される。実は径約1.5㎝と小さい。雌雄異株

近縁種サルナシの実

近縁種マタタビの実

分　類：落葉つる性木本
花　期：5〜6月
結実期：10〜11月
原　産：中国
別　名：シナサルナシ

実がニュージーランドの国鳥キウイに似ることが名の由来

実をたくさんつけるには
人工授粉も欠かせません。
初夏の大事な庭仕事です。

キウイフルーツ

マタタビ科　*Actinidia chinensis*

中国原産のシナサルナシがニュージーランドで改良されてできた果樹。シナサルナシの近縁種サルナシは日本に自生。サルナシは実長2〜3㎝と小さいが甘く、ベビーキウイの名で市販される。同じ近縁のマタタビの実はやや辛みがあり、生食できない。雌雄異株。

キウイフルーツの雌花

葉も美しく雰囲気のよいブドウはアーチ仕立てもよく似合う

開花したばかりの花

まだ幼い実

分　類：落葉つる性木本
花　期：5〜6月
結実期：8〜10月
原　産：世界各地
漢字名：葡萄

ブドウ

ブドウ科　*Vitis*

棚仕立てや垣根仕立て、壁面に這わせるなど、家々で異なる栽培法を見るのも楽しいもの。

塩漬け葉を食用にする地域もある

野生種は数多く、栽培史は5千年以上になる。栽培されるのはヨーロッパ系のヴィニフェラ種とアメリカ系のラブルスカ種を元に作られた交雑種や交配種がほとんど。日本最古の栽培品種'甲州(こうしゅう)'はヨーロッパ系種が中国で野生種と交雑し、日本に伝わったもの。

‘巨峰’
1937 年、アメリカ系品種を元に作られた日本の園芸品種。名は富士山に因む

‘ネオ・マスカット’
1925 年に作られた日本の園芸品種。香りのよさでかつては一世を風靡した

‘翡翠’
小粒の園芸種だが、交配親など詳細は不明で幻のブドウとも呼ばれる

‘甲州’
1186 年に山梨県勝沼町で発見された品種。日本のブドウ栽培の起源となった

コンクリートのすきまなどにタネが飛び生長していることも

軽やかな風情の葉

分　類：半落葉高木
花　期：5〜6月
結実期：9〜10月
樹　高：10〜18m
分　布：沖縄
漢字名：島梣
別　名：タイワンシオジ

シマトネリコ

モクセイ科　*Fraxinus griffithii*

東日本でも育てやすくなったのは温暖化の影響なのかな、とちょっと考えてしまいます。

実は房になってつき、枝に長く残る

亜熱帯地方の樹木で、以前は暖地でしか見なかったが、近年急速に人気が高まり、本州でもあらゆる場所で目にするようになった。積雪が少なく、気温零度程度までの地域なら戸外で冬越しができる。植え付けたばかりの若木が低温にあうと落葉しやすい。雌雄異株。

大きく育った株に咲く花

熟しかけの実

分　類：常緑低木
花　期：5～6月
結実期：9～11月
樹　高：3～7m
原　産：台湾・中国
別　名：ホンコンカポック

シェフレラ・アルボリコラの園芸品種‘ホンコン’

意外なのが実の美しさ。
熟しかけで色とりどりになる頃が
一番の見どころです。

ヤドリフカノキ

ウコギ科　*Schefflera arboricola*

シェフレラ属には数種あるが、市街地で見かけるのはアルボリコラ種がほとんど。もっとも多いのは園芸品種‘ホンコン’で、ホンコンカポックの通称で広く知られる。市場では室内用観葉植物として出回るが、比較的寒さに強く気温零度程度なら戸外で冬越しできる。

黄斑葉の園芸品種‘ハッピーイエロー’

若い枝や葉の柄は鮮やかな紅色でよく目立つ

斑入り葉の園芸種

分　類：常緑高木
花　期：5〜6月
結実期：10〜12月
樹　高：4〜10m
分　布：東北南部〜沖縄
漢字名：譲葉

ユズリハ

トウダイグサ科　*Daphniphyllum macropodum*

みずみずしい緑葉に囲まれていると、若枝の紅色や実の青の鮮やかさがかえって目立つ気がします。

紅色でこんもりと咲く雄花

新葉が伸びきってから古い葉が落ちる様を、親が子に代を譲る様子にたとえて名がついた。葉は正月の縁起飾りとしても広く親しまれる。雌雄異株。新葉の下に垂れ下がるようにつく房状の雄花は紅色で目立つが、雌花は小さく、緑色でほとんど目立たない。

園芸種の実

シロシタンの実は大きめ

盆栽に仕立てられることも多いベニシタン。実は径約5㎜

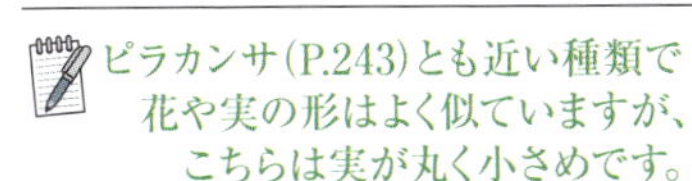

分　類：常緑・落葉低木
花　期：5～6月
結実期：10～11月
樹　高：約1m
原　産：西アジア

ピラカンサ(P.243)とも近い種類で花や実の形はよく似ていますが、こちらは実が丸く小さめです。

コトネアスター

バラ科　*Cotoneaster*

仲間は数十種あるが、よく見かけるのはベニシタンとその変種シロシタンほか、数種の園芸種が主。枝が低く這う園芸種はグランドカバーに使われることが多い。ベニシタンの花は紅色を帯び、閉じ気味に咲く。シロシタンには白花が咲く。どちらも実は赤色。

シロシタンの花

耐久性に富むイヌマキの木材は建築材として広く利用される

イヌマキの雄花

イヌマキの雌花

分　類：常緑高木
花　期：5〜6月
結実期：10〜12月
樹　高：約20m
分　布：関東〜沖縄
漢字名：槇

マキの仲間

マキ科　*Podocarpus macrophyllus*

二色団子のようなかわいい実

葉が密に茂るイヌマキは、生け垣のほか、庭木として様々な形に仕立てられる。防風林としての利用も多い。ラカンマキはイヌマキの変種で、葉が短く幅も狭いのが特徴。いずれも雌雄異株。実は緑色で、下につく花托は黒紫色に熟すと甘くなり、生で食べられる。

イヌマキ
葉の長さは8～15㎝。本州から沖縄にかけた沿岸地域に分布する

イヌマキ／玉散らし仕立て
和風庭園だけでなく、洋風の庭でも多く使われる剪定方法

ラカンマキ
葉は長さ4～8㎝。実の形が坊主（僧）に似るとして羅漢の名があてられた

ラカンマキ／玉散らし仕立て
短い葉が密に茂るので、伝統的な玉散らし仕立てにされることも多い

鮮やかな赤い新葉が出始めた生け垣

一輪の花は径１㎝ほど

実径は約５㎜

分　類：常緑小高木
花　期：5～6月
結実期：11～12月
樹　高：5～10m
分　布：東海～九州
漢字名：要黐
別　名：赤目黐（あかめもち）

カナメモチ

バラ科　*Photinia glabra*

芽出しの葉の赤色、初夏の白い花、
晩秋に熟す赤い実と、
1年中の楽しみがある木です。

園芸種‘レッドロビン’

生け垣に仕立てる樹種としては非常に高い人気を誇る。種類はいくつかあるが、生け垣に使われるのは新葉が鮮やかな赤になるベニカナメ、近縁種オオカナメモチとの交配による園芸品種で新葉の赤色が特に濃い‘レッドロビン’のどちらかであることが多い。

実は苦く、食用には向かない

分　類：落葉低木
花　期：4〜5月
結実期：10月
樹　高：2〜4m
原　産：中国
漢字名：唐橘
別　名：枳殻（きこく）

唐の国（中国）から来たミカンというのが名の由来

北原白秋が詞にしたような
詩情ある生け垣風景も
最近はあまり見なくなりました。

カラタチ

ミカン科　*Poncirus trifoliata*

枝にはたくさんのトゲがあり、かつては生け垣として多く利用されたが、最近は少なくなっている。ピンポン球ほどの実は葉が落ちたあとも長く枝に残る。花や実にはよい香りがある。実は乾燥させ生薬として利用する。葉には翼（よく）があるが、あまり目立たない。

花にはよい香りがある

ユズは利用範囲が広く、庭にあると便利な果樹のひとつ

葉のつけ根に翼があるユズ

ハナユは実が小さめ

分　類：常緑小高木
花　期：5〜6月
結実期：11〜12月
樹　高：1〜2m
原　産：中国
漢　名：柚子
別　名：実柚子（みゆず）、本柚（ほんゆ）

ユズ

ミカン科　*Citrus junos*

柑橘類の中でも、香りのよさでは
これが一番だと思います。
冬至の柚子湯でもおなじみ。

ユズの実は表面に凸凹がある

柑橘類の中では特に寒さに強く、寒い地方でもよく育つ。葉のつけ根にある翼（よく）が広いことが大きな特徴。枝にはトゲがある。花は一輪ずつつき、やや紫色がかる。ハナユ（花柚）は香りのよい純白の花が咲く近縁種。結実期は10〜11月とやや早く、実も小さめ。

スダチ（酢橘）
ユズの近縁種で徳島県の特産。実は100～150gほど。葉には細い翼（よく）がある

カボス（香母酢）
ユズの近縁種で大分県の特産。スダチより小さく、実の底が盛り上がる

シークヮサー

ミカン科　*Citrus depressa Hayata*

分　類：常緑低木
花　期：3～4月
結実期：7～11月
樹　高：約5m
分　布：沖縄
別　名：平実檸檬（ひらみれもん）

南西諸島～台湾の産地に自生し、古くから親しまれている在来の小型柑橘類。最近は九州以北でも庭木として植えられることが増えてきた。

7月頃から実がつき、晩秋～初冬に黄色に熟す

シイクワシャー、シークァーサーなど、和名は複数の表記があります。

日本でもっとも多く栽培されるウンシュウミカン（温州蜜柑）

ウンシュウミカンの花

分　類：常緑低木～高木
花　期：5～6月
結実期：10～12月、翌4～6月
原　産：日本・中国・台湾・インド

ミカンの仲間

ミカン科　*Citrus*

柑橘類の花の香りが大好きで、見かけると必ずそばに寄り初夏の香りを楽しみます。

ウンシュウミカン

日本やアジア周辺を原産地とする果樹で、ユズ（P.314）やキンカン（P.321）も含め、交配で作られた園芸種を合わせると種類は非常に豊富。花や葉はどれもよく似るが、大きさや葉のつけ根にある翼（よく）の有無などで区別できることも多い。いずれも花にはよい香りがある。

ナツミカン（夏蜜柑／別名ナツダイダイ）
山口県発祥。実は秋に黄色くなるが、完熟するのは翌年の春〜夏以降

アマナツ（甘夏）
大分県発祥のナツミカンの変種。代表品種は‘川野ナツダイダイ’

庭木

ダイダイ（橙）
インド原産。前年と今年の実が同時に枝につく様を親子に例えて名がついた

イヨカン（伊予柑）
山口県発祥だが、現在は愛媛県での栽培が多い。葉先はやや丸くなる

ブンタン（文旦）
インド原産。実は大型で葉には大きな翼（よく）がある。別名ザボン、ボンタン

グレープフルーツ
ブンタンとオレンジの交雑種で、18世紀に西インド諸島で発見された

セミノールオレンジ
アメリカで作られた園芸品種。実は小ぶり。日本での収穫期は3～4月

シシユズ（獅子柚子）
ブンタンの仲間。基本は観賞用だが、果実酒や砂糖漬けにも利用される。別名は鬼柚子（おにゆず）

タチバナ（橘）
日本原産の小型ミカン。酸味が強く生食できないが、観賞用として親しまれる

フクレミカン（福来蜜柑）
タチバナの仲間で実径約３㎝と小さいが、甘く生で食べられる。別名福ミカン

ポンカン
インド原産。名はインドの西部の地名プーナ（Poona）に由来する

シキナリミカン（四季なり蜜柑）
中国原産の小型ミカン。実はキンカン（P.321）ほどの大きさで生食できる

国産レモンの6割は広島県産。瀬戸内レモンと呼ばれる

花弁の外側は紅を帯びる

分　類：常緑小高木
花　期：5〜6月
結実期：10〜12月
樹　高：4〜6m
原　産：インド
漢字名：檸檬

レモン

ミカン科　*Citrus limon*

梶井基次郎やゲーテをはじめ、
多くの文学作品に登場するレモン。
どこか詩的な風情をまといます。

トゲがない園芸品種'シシリアン'

外側が紅色がかる花と翼のない葉が特徴。枝にはトゲがあるが、最近はトゲがない園芸種も増えてきた。市販のレモン果実は輸入物がほとんどだが、近年は国産品の人気が高まってきた。市販品の実は大きさや形がほぼ均一だが、家庭で栽培したものは大小様々になる。

実は径2〜3㎝

フクシュウキンカン

皮に甘味があるのも特徴。葉の翼はごく小さく目立たない

分　類：常緑低木
花　期：6〜9月
結実期：11〜12月
樹　高：1〜2m
原　産：中国
漢字名：金柑
別　名：マルキンカン

舌が痺れるとわかっていても
つい食べ過ぎてしまい、
小さい頃よく祖母に叱られました。

キンカン

ミカン科　*Citrus japonica*

実に含まれる栄養価は柑橘類の中でもっとも高い。実を多量に食べると舌が痺れるが、これは皮に酸が含まれるため。仲間には実が細長いナガキンカン、実が大型のフクシュウキンカン（大実キンカン）、実が径1㎝ほどで観賞用のマメキンカン（キンズ）などがある。

花は数輪ずつまとまってつく

花も葉も小さくかわいらしい。写真は斑入り葉種

シチョウゲ

分　類：常緑小低木
花　期：5〜7月
結実期：9〜10月
樹　高：0.5〜1m
原　産：中国
漢字名：白丁花

ハクチョウゲ

アカネ科　*Serissa japonica*

通常の開花期は春〜夏ですが、秋に開花していることも多く、いつも花が咲いているイメージ。

刈り込みに強く密に茂るので、生け垣や花壇の縁取りに多く使われる。冬の気温が零下になる地方では落葉しやすい。園芸種には八重咲きやピンク花、斑入り葉もある。花が紅紫色のシチョウゲは別属だが、市場ではハクチョウゲの紫花として扱われることが多い。

八重咲きの園芸種

白花種

ホザキシモツケ

分　類：落葉低木
花　期：5〜8月
結実期：9〜10月
樹　高：約1m
分　布：本州〜九州
漢字名：下野
別　名：キシモツケ

花色はピンクの濃淡が基本だが、白花が咲く変種もある

元は山の岩場に咲く花。
庭に植えてもどことなく
野の風情を感じさせます。

シモツケ

バラ科　*Spiraea japonica*

下野（しもつけ）は栃木県の旧国名。名は古くから栽培されていたものが下野産であったことに由来する。近縁種シモツケソウと似ているので混同されることも多いが、シモツケソウは多年草。このほか近縁種には花が穂状のホザキシモツケ、葉が丸いマルバシモツケなどがある。

小さな花が多数集まって咲く

原産地では周年開花するが、日あたりが悪いと開花しにくい

熟した実は食べられる

分　類：常緑低木～小高木
花　期：5～9月
結実期：10～4月
樹　高：3～8m
分　布：奄美大島～沖縄
漢字名：月橘
別　名：シルクジャスミン

ゲッキツ

ミカン科　*Murraya paniculata*

花にはジャスミンのような
すばらしい香りがあり、
別名もそれに由来します。

ミカン科らしい形の花

熱帯植物で沖縄では生け垣にすることも多いが、九州以北では観葉植物として鉢栽培される。花一輪は径2㎝ほどで、枝先に数輪～10数輪がまとまってつく。実はついた翌年の春に赤く熟す。同属のインド産オオバゲッキツの葉は香辛料カレーリーフとして知られる。

ヒベルティア

ビワモドキ科　*Hibbertia*

分　類：常緑つる性〜低木
花　期：5〜7月
樹　高：20〜50cm
原　産：オーストラリア

仲間にはいくつかの種類があり、黄色系の花が咲く。いずれも高温に弱く、真夏は枝葉が黒く枯れこむことがある。枝は地を這うように伸びる

寒さに弱く、地植えでの冬越しは困難

多湿を嫌うので育てる土の水はけをよくし、梅雨時は軒下へ。

クフェア

ミソハギ科　*Cuphea hyssopifolia*

分　類：常緑低木
花　期：5〜10月
結実期：7〜11月
樹　高：20〜50cm
原　産：熱帯アメリカ

和名メキシコキハナヤナギ。花は紫桃色や白で開花期間は長いが、真夏は一時花が少なくなることもある。陽当たりが悪いと花付きが悪くなる。

細かく分枝して密に茂る

別名はクサミソハギ。確かに花の色や風情はミソハギと似ています。

花期
1
2
3
4
5
6
7
8
9
10
11
12

代表品種'ローズ・ジャイアント'。大輪花で咲き進むと色が濃くなる

園芸品種サマーブーケ

白花の園芸種

分　類：常緑つる性木本
花　期：5〜10月
原　産：メキシコ〜アルゼンチン
別　名：ディプラデニア

庭木

マンデヴィラ

キョウチクトウ科　*Mandevilla*

種苗会社の品種開発も盛んで毎年数多くの新品種が発表されます。名前を覚えるのもひと苦労。

園芸品種サンパラソルの赤花タイプ

園芸品種は数多く多彩な花色があり、花径 10 ㎝にもなる大輪から小輪まで姿もさまざま。開花後花色の濃淡が変化するものも多い。花がら摘みやつるの剪定など、こまめな手入れが花を多く咲かせるコツ。やや寒さに弱いので、寒地の冬は室内で育てるほうがよい。

紫
ピンク
赤
黄
白

黄花の園芸種

フサフジウツギは花房が大きく華やか。園芸品種も多い

分　類：落葉低木
花　期：5〜10月
樹　高：1〜1.5m
原　産：中国
別　名：藤空木（ふじうつぎ）、バタフライブッシュ

花が開くと
いかにも虫たちが好みそうな
濃く甘い花粉の香りが漂います。

ブッドレア

ゴマノハグサ科　*Buddleja davidii*

日本原産のフジウツギや中国原産のトウフジウツギなど仲間には数種類あるが、市場に多く出回るのは中国原産のフサフジウツギ。大きな花房となる花には蜜が多く、蝶などが多く来ることからバタフライブッシュの別名がある。葉裏は白いフェルト状になる。

フサフジウツギのピンク花園芸種

花期
1
2
3
4
5
6
7
8
9
10
11
12

葉の柄を物に巻きつけて這い登り、範囲を広げるものが多い

若い実

熟して綿毛を出した実

分　類：落葉・常緑つる性木本
花　期：主に5〜6月・10月
結実期：主に10〜11月
分　布：北半球各地

庭木

クレマチス

キンポウゲ科　*Clematis*

つる植物の女王と呼ばれ、
花の形や色は実に多彩。
春夏の庭を華やかに彩ります。

園芸品種'江戸紫（えどむらさき）'

紫
ピンク
赤
黄
白
緑

クレマチスの仲間は草本植物と木本植物の中間と言える性質を持つものが多い。約300ある原種とそれを元に作られた2千種余りの交配種を含め、膨大な数の園芸種がある。花びらのように見えるのは正式には萼（がく）。八重咲き種は雄しべが花びら状になったものだ。

テッセン
中国原産の原種で、数多くの園芸品種がある。開花は5～10月

クレマチス・モンタナ
中国西部原産の原種系クレマチス。花径3～5㎝でピンクや白の花が咲く

クレマチス・タングチカ
中国西部原産の原種系クレマチス。クレマチスでは数少ない黄色の花が咲く

クレマチス・テキセンシス
北アメリカ原産の原種系クレマチスで多くの園芸品種がある。開花は5～10月

花期
1
2
3
4
5
6
7
8
9
10
11
12

シコンノボタンは朝開いて夕方閉じる一日花

ノボタンの白花種

分　類：常緑低木
花　期：5〜10月
結実期：10〜翌1月
樹　高：1〜3m
原　産：沖縄・台湾・中国・東南アジア
漢字名：野牡丹

庭木

ノボタンの仲間

ノボタン科　*Melastoma*

シコンノボタンの鮮やかな紫紺色は写真で再現するのが難しく、撮影ではいつも苦労します。

紫
ピンク

シコンノボタンの花

仲間には数種類がある。ブラジル原産で濃紫色の花が咲くシコンノボタンは青紫の長い雄しべが大きな特徴。園芸品種も多く、淡色の花もある。ほかには淡ピンクの花が咲くノボタン、小型のメキシコノボタン、小笠原父島(おがさわらちちじま)の固有種であるムニンノボタンなどがある。

メキシコノボタン
ノボタン科メキシコノボタン属の低木。市場にはヒメノボタンの名で出回る

‘リトルエンジェル’
シコンノボタンの園芸品種。花は小輪で、白から青紫、紅へと色が変わる

ノボタン
奄美大島～ベトナムに分布する種類。長い雄しべは紫、短い雄しべは黄色

‘コートダジュール’
シコンノボタンの園芸品種。花の中心は白く、外側が紅紫色になる

樹皮や葉の香りは、乾かすとより強くなる

葉にも香りがある

分　類：常緑高木
花　期：6月
結実期：11〜12月
樹　高：10〜15m
原　産：日本・東南アジア
漢字名：肉桂
別　名：シナモン

ニッケイ

クスノキ科　*Cinnamomum*

スパイスのシナモンや生薬の桂皮はこの木の樹皮から作ります。

セイロンニッケイの花と赤い若葉

クスノキ（P.94）の近縁で姿はよく似るが、こちらは樹皮や葉、タネの香りがより強い。仲間には東北南部〜沖縄に分布するヤブニッケイ、徳之島〜沖縄に分布するニッケイ、九州〜沖縄に分布するマルバニッケイ、東南アジア原産のセイロンニッケイなどがある。

シロミノナンテン

オタフクナンテン

分　類：常緑低木
花　期：6月
結実期：11〜12月
樹　高：約2m
分　布：関東〜九州
漢字名：南天

赤い実は咳止め薬に使われることでもおなじみ

雪兎を作るとき
赤い目と長い耳の材料は
いつもこのナンテンでした。

ナンテン

メギ科　*Nandina domestica*

名は中国名の「南天燭(なんてんしょく)」に由来。読みが「難を転ずる」に通じるとして、裏鬼門(うらきもん)の方角に植えられることも多い。正月の縁起飾りとしても親しまれる。小型のオタフクナンテンに花実はつかないが、長く紅葉することから花壇や寄せ植え用として人気が高い。

花が濡れると実がつきにくくなる

花期
1
2
3
4
5
6
7
8
9
10
11
12

樹高は低く、よく広がってマット状に茂る

花の長さは6㎜ほど

分　類：常緑小低木
花　期：6〜7月
結実期：9〜10月
樹　高：10〜20㎝
分　布：北海道〜九州
漢字名：苔桃
別　名：リンゴンベリー

庭木

コケモモ

ツツジ科　*Vaccinium vitis-idaea*

山歩き中にこの赤い実を見かけると
採って食べることはできなくても
思わずうれしくなってしまいます。

真っ赤に熟す実は甘酸っぱく生で食べられる

本来は強風が吹く高山帯の岩場で針葉樹の下に茂る植物。地下茎を伸ばして殖え、地上部の枝も地を這うように伸びる。初夏に白〜紅色の花を咲かせる。近縁のツルコケモモ（クランベリー）は枝がつる状になる湿原植物。園芸用に市販されるのはツルコケモモが多い。

ピンク
白

花ザクロの園芸品種

実ザクロの花

分　類：落葉小高木
花　期：6〜7月
結実期：9〜10月
樹　高：5〜6m
原　産：西アジア
漢字名：石榴

古典園芸植物のひとつで江戸時代にも多くの品種が作られた

花が咲き終わると
梅雨明けも近い証拠。
夏の始まりを教えてくれる木です。

ザクロ

ミソハギ科　*Punica granatum*

ギリシャ神話にも登場する古い果樹で、日本には平安時代に渡来した。主に花を観賞する花ザクロ、実を食べるための実ザクロ、全体が小型のヒメザクロに分けられ、それぞれに多くの園芸品種がある。花ザクロは花色も多く、咲き方も一重から八重まで多彩。

実は熟すと自然に割れる

枝は細くしなやかで、枝垂れる姿が美しいコムラサキ

花は淡い紫色

オオムラサキシキブ

分　類：落葉低木
花　期：6〜7月
結実期：10〜11月
樹　高：1〜2m
分　布：本州〜沖縄
漢字名：小紫
別　名：小式部（こしきぶ）

コムラサキ

シソ科　*Callicarpa dichotoma*

しなやかな枝は枝垂れ方も優雅。
和の植物ですが、
洋風の庭にも似合います。

鮮やかな色に熟すコムラサキの実

秋冬に赤い実をつける木は多いが、紫色の実をつける木は少ない。園芸店などではムラサキシキブと呼ばれることも多いが、正式なムラサキシキブは近縁だが別種の木で、株全体がもっと大きく実がまばらにつく。白い実がつくのは園芸種のシロシキブ。

オオイタビの葉

オオイタビの果嚢(かのう)

分　類：常緑つる性木本
花　期：6～7月
結実期：9～11月
分　布：東北南部～沖縄
漢字名：木蓮子葛

壁面を這いながら広がるイタビカズラ

オオイタビの雌株の実は
熟すと食べられるのですが、
あまり見かけないのが残念。

イタビカズラ

クワ科　*Ficus sarmentosa*

つるには物に張り付く気根(きこん)があり、周囲の樹木や壁面を這い登る。近縁種には葉が小さなヒメイタビ、葉や実が大きいオオイタビなどがある。観葉植物のフィカス・プミラはオオイタビの園芸種。実でゼリーを作るアイギョクシはオオイタビの変種。雌雄異株。

オオイタビの変種アイギョクシ

花期
1
2
3
4
5
6
7
8
9
10
11
12

開花はヒメシャラよりやや早い

古い樹皮は剥がれやすい

園芸種の桃色ナツツバキ

分　類：落葉高木
花　期：6～7月
結実期：9～11月
樹　高：10～20m
分　布：宮城～九州
漢字名：夏椿
別　名：娑羅樹（しゃらのき）

庭木

ナツツバキ

ツバキ科　*Stewartia pseudocamellia*

別名がシャラノキということもあり
ヒメシャラと混同されがち。
花が大きいほうと覚えましょう。

花は径5～6㎝で上向きに咲く

姿はヒメシャラ（P.339）ととてもよく似るが、こちらは花が大きくて上向きに咲く点と、樹皮の剥がれ方が大きいことが区別のポイント。花びらの縁にできるしわはヒメシャラより多いが、この点は個体差も大きいので区別はつけにくい。葉は秋に紅葉する。

ピンク
白

花期
1
2
3
4
5
6
7
8
9
10
11
12

樹皮は細かく剥がれる

熟しして割れた実

分　類：落葉高木
花　期：6～8月
結実期：9～10月
樹　高：15～20m
分　布：神奈川県～屋久島
漢字名：姫沙羅

開花はナツツバキよりやや遅れる

庭木

花の色は濁りのない純白。葉陰でうつむきがちに咲く姿がとても清楚です。

ヒメシャラ

ツバキ科　*Stewartia monadelphia*

名は花や葉がナツツバキ（P.338／別名シャラノキ）より小柄なことに由来する。樹皮表面は赤褐色だが、古くなった樹皮が細かく剥がれるため、幹全体がまだら模様になっていることが多い。葉は秋に紅葉する。近縁種のヒコサンヒメシャラの花は径約４㎝と大きい。

花は径1.5～２㎝で下向きに咲く

白

正月の頃に実が赤く熟す

キミノセンリョウ

斑入り葉の園芸種

分　類：常緑低木
花　期：6～7月
結実期：12～翌3月
樹　高：50～80㎝
分　布：東海～沖縄
漢字名：千両

センリョウ

センリョウ科　*Sarcandra glabra*

花はちょっと不思議なつくり。
雌しべとその途中につく
雄しべだけでできています。

とても小さく花びらがない花

縁起ものとしてマンリョウ（P.341）などとともに正月飾りとして親しまれる。実が葉より下につくマンリョウ（万両）に対し、こちらは葉より上に実がつく（＝万両より軽い）というのが名の由来。晩秋に赤く熟す実は径5～6㎜。実が黄橙色のキミノセンリョウもある。

シロミノマンリョウ

葉の下にある小枝の先にたくさんの実がつく

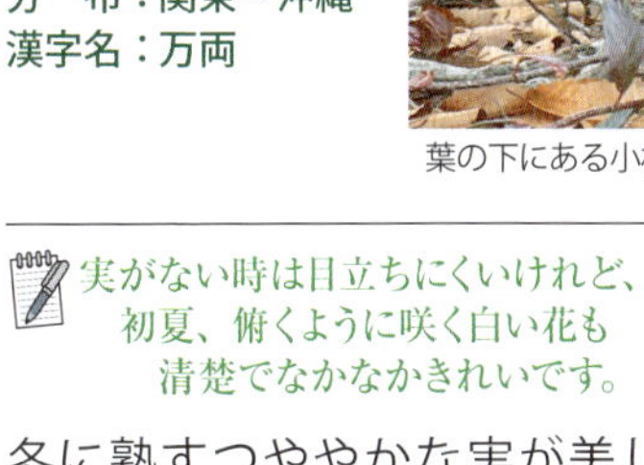

分　類：常緑小低木
花　期：7月
結実期：11～2月
樹　高：30cm～1m
分　布：関東～沖縄
漢字名：万両

マンリョウ

サクラソウ科　*Ardisia crenata*

実がない時は目立ちにくいけれど、
初夏、俯くように咲く白い花も
清楚でなかなかきれいです。

冬に熟すつややかな実が美しい。センリョウ（P.340）、カラタチバナ（P.342／別名：百両）、ヤブコウジ（P.342／別名：十両）などとともに正月の縁起物として古くから親しまれる。園芸品種には実が黄色のキミノマンリョウ、白い実のシロミノマンリョウがある。

初夏に咲く白い花

花期

1
2
3
4
5
6
7
8
9
10
11
12

実は早春まで残っていることも多い

カラタチバナ

サクラソウ科　*Ardisia crispa*

分　類：常緑小低木
花　期：7～8月
結実期：11～翌3月
樹　高：20～70cm
分　布：関東～沖縄
漢字名：唐橘

マンリョウ（P.341）とよく似るが、全体が小型で葉や実の数が少なく、細い葉縁に鋸歯(きょし)がほとんどない点が異なる。実が黄色や白の園芸品種もある。

別名は百両。マンリョウより軽やかな風情です。

庭木

根元のつるは地下茎。この先に子株ができる

ヤブコウジ

サクラソウ科　*Ardisia japonica*

分　類：常緑小低木
花　期：7～8月
結実期：10～11月
樹　高：10～20cm
分　布：北海道～九州
漢字名：藪柑子

花は葉陰に下向きにつく。枝分かれせず、1本の幹の先に数枚の葉をつける。地下茎で殖えるため数株まとまって生えていることが多い。

別名は十両。わずか10～20cmですが立派な樹木です。

白

シバグリの実は小さめ

トゲがない園芸種・刺無栗（とげなしぐり）

分　類：落葉高木
花　期：6〜7月
結実期：10〜11月
樹　高：15〜20m
分　布：北海道〜屋久島
漢字名：栗

食用になる部分はタネにあたる

梅雨に咲く花の匂いは強くて独特。
どこからかこの匂いがすると
もうすぐ夏が来るなと思います。

クリ

ブナ科　*Castanea crenata*

縄文時代から食用にされ、材木も建築や家具に広く使われる。花は淡黄色のひも状（穂状花序（すいじょうかじょ））で、根元に雌花、その先に多数の雄花がつく。世界中に多くの品種があり、日本にも野生のシバグリがあるが、栽培されるのは中国原産のシナグリを改良したものがほとんど。

花は穂状になる

神社の境内に植えられていることも多い

サカキの葉

ヒサカキの葉

分　類：常緑高木
花　期：6〜7月
結実期：10〜11月
樹　高：約10m
分　布：関東〜沖縄
漢字名：榊

サカキの仲間

モッコク科　*Cleyera japonica*

神の木と書いて榊。これは日本で作られた国字の中でも古い歴史を持つ文字です。

花は白から黄色へ色が変わる

神事に欠かせない植物として古くから親しまれる。サカキの代用に使われるヒサカキは別属の木。葉がやや小さく、縁に鋸歯(きょし)があることが見分けるポイント。同じく別属のハマヒサカキは葉が丸いのが特徴で、街路樹や公園の植え込みに使われることが多い。

ハマヒサカキ
葉は長さ2～4㎝で葉先は丸い。花は冬に開花。雌雄異株。樹高4～6m

ヒサカキ
葉はサカキより小さい長さ3～7㎝。花は春に開花。雌雄異株。樹高約 10 m

'白覆輪（しろふくりん）'
葉の縁に白い斑が入るヒサカキの園芸品種。若い葉の斑はやや黄色がかる

イエローモトル
葉全体に細かく散らしたような黄色の斑が入るヒサカキの園芸品種

花期
1
2
3
4
5
6
7
8
9
10
11
12

園芸品種には斑入り葉や紅葉する種もある

葉に白斑が入る園芸種

分　類：常緑つる性木本
花　期：6〜7月
結実期：10〜11月
分　布：北海道〜九州
漢字名：蔓柾

庭木

ツルマサキ

ニシキギ科　*Euonymus fortunei*

つるがよく伸びることもあり、近年話題の壁面緑化でも幅広く活躍しています。

熟して割れた実

マサキ（P.347）の近縁種で、花や実はよく似ているが、こちらはつる性。葉もマサキに比べるとやや細長い。つるから出るたくさんの気根で周囲の壁面や木などに張り付き、よじ登りながら範囲を広げる。出たばかりの幼い葉は葉脈が白っぽいことが多い。

白

実は熟すと割れる

園芸品種'オウゴンマサキ'の生け垣仕立て

分　類：常緑小高木
花　期：6～7月
結実期：11～翌1月
樹　高：2～6m
分　布：北海道南部～沖縄
漢字名：柾

マサキ

ニシキギ科　*Euonymus japonicus*

どこにいてもよく見かける木で
草笛を吹いて遊ぶときは
いつもこの葉を使いました。

本来は海辺に自生する植物だが、丈夫で移植に強く、頻繁な刈り込みにもよく耐えて枝が密に茂るため、各地で生け垣などに広く利用されてきた。若葉の色が明るい'オウゴンマサキ' や葉が黄緑色の斑で縁取られる 'キフクリンマサキ' など、多彩な園芸種がある。

花は小さいが明るい色でよく目立つ

白く木目が緻密な木材はそろばんの珠や細工物に使われる

雄花

分　類：常緑小高木
花　期：6〜7月
結実期：10〜11月
樹　高：3〜10m
分　布：関東〜九州
漢字名：冬青
別　名：フクラシバ

ソヨゴ

モチノキ科　*Ilex pedunculosa*

信州や美濃などいくつかの地方ではサカキ(P.344)の代用としてこの枝を神事に使うそうです。

実には長い軸がある

名は葉が風にそよぐ様子に由来。冬青という字は冬も青々とした葉が茂ることからあてられた。姿は近縁のクロガネモチ（P.100）と似るが、花や実に長い軸がつくこと、葉の縁がゆるく波打つことが区別のポイント。黄色の実がつくキミソヨゴもある。雌雄異株。

ギンロバイ

株はとても小さいが、植物学的には立派な樹木

分　類：落葉低木
花　期：6〜8月
樹　高：30㎝〜1m
分　布：北海道・本州の高山地帯
漢字名：金露梅
別　名：ポテンティラ

キンロバイ

バラ科　*Dasiphora fruticosa*

花は小さく可憐ですが、
樹皮はなかなか荒々しく、
高山の木らしい風情があります。

本来はヒマラヤなど高山の岩場に自生する植物。花が美しく、盆栽など鉢植えのほか、ロックガーデンに植えられることが多い。中部〜四国の高山地帯に分布するギンロバイは白花で開花はやや遅い。いずれも自生種は環境省の絶滅危惧II類に指定される希少種。

花は径2〜3㎝

花期

1
2
3
4
5
6
7
8
9
10
11
12

庭木

葉に切れこみがなく、ややツヤがあるのがヤマホロシとの違い

斑入り葉の園芸種

分　類：常緑つる性木本
花　期：6〜10月
原　産：南アメリカ
漢字名：蔓花茄子

ツルハナナス

ナス科　*Solanum jasminoides*

ヤマホロシと混同されがちですが正しくは同属別種。花の大きさや葉の形・質感が区別のポイント。

紫

白

花はナス科らしい星形で径約2.5㎝

咲き始めの花は薄紫色で、咲き進むと白に変わる。園芸品種には白花や葉に斑が入るものもある。生育がとても早いので、大株にしたくない場合は毎年大きく剪定することが必要。常緑樹だが本来は暖かい地方の植物なので、寒地では冬に落葉することが多い。

白花の園芸種

分　類：常緑小低木～つる性本木
花　期：6～10月
樹　高：1～3m
原　産：南アフリカ
漢字名：瑠璃茉莉
別　名：プルンバーゴ

花後、枝を花のすぐ下で切り戻すと次の花が咲きやすくなる

涼風を花にしたような
空色のすがすがしさは
まさに真夏の清涼一服。

ルリマツリ

イソマツ科　*Pulumbago auriculata*

分類上は常緑樹とされるが、暖地以外では冬に落葉することが多い。枝はよく伸びて半つる状になる。初夏から初秋までと開花期はとても長く、気候によっては12月頃まで開花が続くこともある。基本の花色は淡い空色だが、園芸種には濃い青色や白もある。

1輪の花は径2.5cmほどの大きさ

花期
1
2
3
4
5
6
7
8
9
10
11
12

タネや葉は有毒なので、扱いには注意が必要

園芸品種'フロリダ・ピーチ'

園芸品種 'チャールズ・グリマルディ'

分　類：常緑低木
花　期：6～9月
樹　高：3～5m
原　産：ブラジル
漢字名：木立朝鮮朝顔
別　名：エンジェルストランペット

庭木

キダチチョウセンアサガオ

ナス科　*Brugmansia suaveolens*

大きな花が満開になった姿はとてもダイナミック。香りは夜に強くなります。

白花が咲く原種。花の香りは強め

１年草のチョウセンアサガオ（ダチュラ）とよく似るが、こちらは花が下向きに吊り下がることが大きな違い。トランペット型の花は長さ 20 ～ 35 ㎝と大きく、ほのかな芳香がある。淡黄色から白に変わるもの、紅色がかるもの、白花、ピンク花など花色は多彩。

ピンク
黄
白

薄ピンク花の園芸品種

斑入り葉の園芸品種

分　類：常緑低木
花　期：6〜10月
樹　高：約1.5m
原　産：ブラジル
別　名：チロリアンランプ

本来は温室向きだが寒さに強いウキツリボク

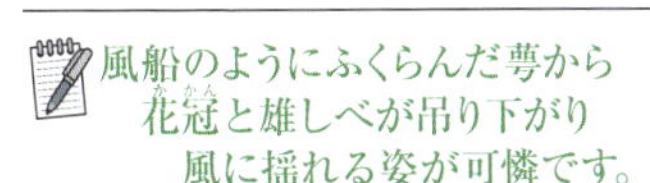

風船のようにふくらんだ萼から
花冠と雄しべが吊り下がり
風に揺れる姿が可憐です。

アブチロン

アオイ科　*Abutilon megapotamicum*

仲間は数種類あり、いずれも温室栽培されるのが一般的だが、風船型の花が咲くウキツリボクと呼ばれる種類は寒さに強く、関東あたりまでは戸外でも育つ。本来の開花期は夏〜秋だが、初冬頃まで咲いていることが多く、花が少ない時期には街の貴重な彩りとなる。

大きな萼から長い花冠が飛び出す

花期

1
2
3
4
5
6
7
8
9
10
11
12

標準樹高は1～5mだが、まれに10mほどまで生長している木がある

径約5㎜で甘酸っぱい実

分　類：常緑低木～小高木
花　期：5～7月
結実期：9～10月
樹　高：1～5m
分　布：関東南部～沖縄
漢字名：小小坊
別名：　サシブ

庭木

シャシャンボ

ツツジ科　*Vaccinium bracteatum*

別名のサシブはとても古い日本語で文字で書くと「佐斯夫」。『古事記』にも登場しています。

古語名サシブは『古事記』にも登場する

白

かわいらしい名前は古語名サシブが訛ったもので、小小坊という当て字は実がたくさんつく様子を小さな子供たちに見立てたもの。実は近縁のブルーベリー（P.293）とよく似ており、黒く完熟すると甘酸っぱくなり生で食べられる。

フェイジョアの実

フトモモの実

分　類：常緑低木
花　期：7〜8月
結実期：10〜11月
樹　高：5〜6m
原　産：南アメリカ

裏が銀白色がかる葉は革質で固め。原産地では防風林に利用される

ふっくらとしたかわいい花は
花びらにほのかな甘みがあります。
摘花したものはぜひ食卓へ。

フェイジョア

フトモモ科　*Acca sellowiana*

香りがよく甘酸っぱい実の味はもちろん、花の美しさも魅力でオセアニア地域では街路樹や生垣としても利用されている。日本に入ったのは昭和初期だが、果樹としての普及は1980年代以降。同じフトモモ科のフトモモにはフェイジョアを小型にしたような実がつく。

赤い雄しべが目立つ花は径4cmほど

花期

1
2
3
4
5
6
7
8
9
10
11
12

日陰でも葉が青々と茂る

実は秋〜冬に黒く熟す

分　類：常緑高木
花　期：7〜8月
結実期：11〜12月
樹　高：9〜15m
分　布：関東〜沖縄
漢字名：隠蓑

庭木

カクレミノ

ウコギ科　*Dendropanax trifidus*

若い枝と古い枝では葉の形が違います。1本の木にいろいろな形の葉がつくので、見比べるのも楽しいですよ。

古い葉は紅葉して落ちる

三叉に裂けた葉の形が、着ると体が見えなくなるという伝説上の蓑（みの）に似ていることから名がついた。葉が裂けた形になるのは幼木あるいは若い枝につく葉で、古い枝につく葉は先が尖った卵形になることが多い。夏、多数の小さな花が球状に集まって咲く。

緑

ピンク花の園芸種

アメリカノウゼンカズラ

分　類：落葉つる性本木
花　期：7〜8月
原　産：中国
漢字名：凌霄花

洋風庭園はもちろん、和風庭園にもよく似合う花だ

咲ききった花はきれいな形のまま
地面に落ちます。
思わず拾ってしまうことも。

ノウゼンカズラ

ノウゼンカズラ科　*Campsis grandiflora*

枝から出る気根で樹木や壁に貼り付くほか、地下茎でも広がる。漢字名の「霄」の字は空や雲の意味。名は空を凌ぐほど高く伸びることに由来する。日本で結実することはまれ。近縁には小型の花が多いアメリカノウゼンカズラやピンク色の花が咲く園芸種がある。

夏中、毎日次々に新しい花が開く

花期
1
2
3
4
5
6
7
8
9
10
11
12

庭木

暖地以外では戸外での冬越しが難しい種類が多い

ベニバナトケイソウ

トケイソウの葉

分　類：常緑つる性木本
花　期：7～9月
結実期：10～11月
原　産：中南米
漢字名：時計草
別　名：パッションフラワー

トケイソウ

トケイソウ科　*Passiflora caerulea*

花のつくりはこれほど精巧なのに朝開いて夕方には閉じる一日花。なんだかもったいないですね。

園芸品種アメジスト

紫
赤
黄
白
緑

英名のパッションは「受難」を意味するラテン語。独特の花姿を十字架を背負うキリストの姿に見立てたものだ。近縁種や交配種を含め、数多くの園芸品種がある。近縁種のパッションフルーツ(P.359)とよく似た実がつくが、熟しても味が薄く食用には向かない。

花期

1
2
3
4
5
6
7
8
9
10
11
12

エドゥリス種の葉

園芸種エドゥリスの花と若い実。実は熟すと濃赤紫色になる

分　類：常緑つる性木本
花　期：7〜9月
結実期：10〜12月
原　産：熱帯アメリカ
漢字名：果物時計草

庭木

枝から落ちたての実は酸味が強いので、表面にしわが寄るまで追熟させます。完熟の甘さはほんとうに格別！

パッションフルーツ

トケイソウ科　*Passiflora edulis*

トケイソウ（P.358）の仲間のうち食用になる実がつく種をまとめてパッションフルーツと呼ぶ。中心は白花と赤紫色の実がつくエドゥリス種。姿や大きさは種によって大きく異なるが、いずれの実も成熟すると自然に枝から落ちるので、これを追熟させて食用にする。

完熟した実はとても甘い

紫
赤
白

花期

1
2
3
4
5
6
7
8
9
10
11
12

花が満開になるとあたりに芳香が満ちるクサギ

紅色の萼と実

分　類：落葉小高木
花　期：7〜9月
結実期：10〜11月
樹　高：4〜8m
分　布：北海道〜沖縄
漢字名：臭木

庭木

クサギ

シソ科　*Clerodendrum trichotomum*

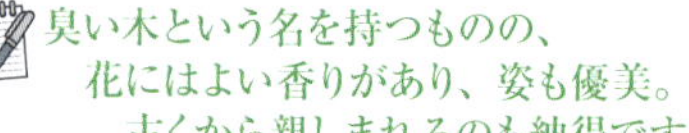

臭い木という名を持つものの、
花にはよい香りがあり、姿も優美。
古くから親しまれるのも納得です。

ピンク

白

花は5弁だが、まれに4弁のものも

名は枝や葉をちぎると独特の臭気を放つことに由来する。蕾(つぼみ)は淡紅色だが、開花すると白くなる。萼(がく)は淡い紅色。花びらが散ったあとの萼は濃紅色に変わり、熟すと濃藍色になる実をつける。萼の紅色と実の藍色の取り合わせは花に劣らず美しい。若葉を食用にする。

ボタンクサギ

シソ科　*Clerodendrum bungei*

分　類：落葉小低木
花　期：7〜9月
結実期：8〜10月
樹　高：1m以下
原　産：中国南部
漢字名：牡丹臭木

クサギ（P.360）の変種で枝葉には同じく独特の臭気がある。大きな球状になる花が美しい。花後は紅色の萼に白い雌しべが残ることが多い。

別名はベニバナクサギ、タマクサギ

葉がボタン（P.256）と似ることが名の由来ですが、見比べるとかなり違いますね。

ゲンペイクサギ

シソ科　*Clerodendrum trichotomum*

分　類：常緑つる性木本
花　期：5〜6月
結実期：7〜8月
原　産：西アフリカ
漢字名：源平臭木

温室栽培されることが多いが春夏は戸外でも育てられる。温室では冬に開花することが多いが、自然状態での開花は春。別名ゲンペイカズラ。

基本の花色は紅白だが園芸種の花色は多彩

萼の白と花冠の紅のコントラストが美しい。名は紅白を源平に見立てたものです。

花期

1
2
3
4
5
6
7
8
9
10
11
12

開花期が非常に長いことから百日紅の字が当てられた

樹皮が剥がれた幹

紅葉も美しい

分　類：落葉小高木
花　期：7～9月
結実期：9～10月
樹　高：2～10m
原　産：中国
漢字名：百日紅
別　名：ヒャクジツコウ

庭木

サルスベリ

ミソハギ科　*Lagerstroemia indica*

満開になるのは蝉の声が騒がしい頃。たとえ酷暑でも花は決して衰えず華やかに咲き誇ります。

花には縮れた花びらが6枚つく

幹はうねるように伸びる。表面の薄い樹皮は剥がれやすく、なめらかな木肌が露出していることが多い。これを木登り上手なサルが滑り落ちるほどと喩えて名がついた。花色にはピンクの濃淡や白がある。種子島～沖縄には近縁のシマサルスベリが自生する。

ピンク

白

近縁種フウリンブッソウゲ

雄しべが花から長く突き出すのが大きな特徴

分　類：常緑低木
花　期：7～10月
樹　高：2～3m
原　産：不明（インド洋諸島との説がある）
別　名：仏桑華（ぶっそうげ）

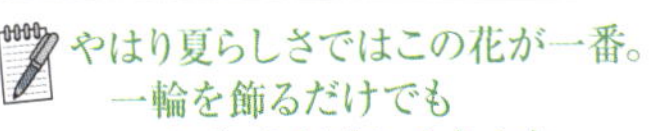

ハイビスカス

アオイ科　*Hibiscus rosa-sinensis*

分類学的にハイビスカスと呼ばれる仲間は数多いが、一般的には観賞用に作られた園芸種群を指す。花色や花形は多彩で、オールド系・ハワイアン系・コーラル系に大別できる。沖縄など暖地では屋外で1年中開花するが、以北は屋内で越冬させる必要がある。

園芸品種'コーラルホワイト'

花期

1
2
3
4
5
6
7
8
9
10
11
12

一日花ではないが、一輪の花の寿命は短い

白花の園芸品種

斑入り葉の園芸品種

分　類：落葉小低木
花　期：7～11月
結実期：11～12月
樹　高：20cm～1m
原　産：熱帯アメリカ
別　名：七変化（しちへんげ）

庭木

ランタナ

クマツヅラ科　*Lantana camara*

乱暴に触ると花がぱらぱら落ちます。
花枝を切る時は
優しく扱うのが鉄則。

紫
ピンク
赤
黄
白

咲き始めは黄色で徐々に赤くなる

夏から秋にかけて毎日新しい蕾がつき、次々に開花する。開花からしばらくたつと花色が変化するものが多い。暖冬の影響か、関東以西では年末頃まで開花していることもある。温室内や暖地では冬に落葉しないこともある。園芸品種も豊富で多彩な花色がある。

コバノランタナ
葉や花が小さい近縁種。枝は低く這うように伸びる。花色は変化しない

ムラサキランタナ
ブラジル原産の近縁種で花は薄紫色。茎や葉が毛羽立つ。花色は変化しない

フユサンゴ

ナス科　*Solanum pseudocapsicum*

分　類：常緑低木
花　期：7〜9月
結実期：10〜翌1月
樹　高：50㎝〜1m
原　産：ブラジル
漢字名：冬珊瑚

明治時代に観賞用として渡来した植物。道端で雑草化していることも多い。秋冬に鮮やかな色の実がつく。葉に斑が入る園芸品種もある。

別名はタマサンゴ、エルサレムチェリー

ミニトマトと同じナス科で姿はよく似ていますが、実は有毒で食べられません。

花期
1
2
3
4
5
6
7
8
9
10
11
12

夏の陽射しを遮るグリーンカーテンにも多く使われる

花は穂になって咲く

分　類：落葉つる性木本
花　期：7～9月
原　産：中国・チベット
漢字名：夏雪葛
別　名：ロシアンバイン

庭木

ナツユキカズラ

タデ科　*Fallopia baldshuanica*

一輪の花の寿命は短めで
花時には散り積もった花で
地面が白くなるほどです。

花一輪は小さいが、花数は多い

夏、よく伸びるつるの先で穂状に咲く小さな花は、まさしく雪のような白さ。暑い日には一層さわやかに見える。生育がとても早いので、範囲を広げたくない場合はこまめな剪定が必要。葉は秋に紅葉する。淡いピンクの花が咲く園芸種‘ピンクフラミンゴ’もある。

ピンク

白

ヒルザキヤコウボク

分　類：常緑低木
花　期：7〜10月
結実期：11〜翌1月
樹　高：1〜4m
原　産：西インド諸島
漢字名：夜香木
別　名：ナイトジャスミン、夜香花（やこうか）

花は咲き始めは黄緑色で、咲き進むと白さが増す

ヤコウボク

ナス科　*Cestrum nocturnum*

花の香りが濃くなるのは深夜。
風のない夜は
香りがより濃く感じられます。

筒型の花はその名の通り、夜間に開き、ジャスミン（P.240）に似た強い香りを放つ。熱帯地方の植物だが比較的寒さに強く、関東南部以西では戸外で冬越しができるが、霜にはあてないほうがよい。近縁種には昼間に開花するヒルザキヤコウボクなどがある。

花は小さく、黄緑色の筒型

花期

1
2
3
4
5
6
7
8
9
10
11
12

空き地や野原で雑草化していることも多い

花は径1㎝ほど

分　類：落葉低木
花　期：6〜7月・9〜10月
結実期：9〜11月
樹　高：1〜2m
分　布：本州〜沖縄
漢字名：枸杞

庭木

クコ

ナス科　*Lycium chinense*

小さくかわいらしい実は
乾燥後もきれいな赤を保つので
料理の彩りとしても重宝します。

紫

実は古くから薬用に使われる

樹木とは思えないほど小柄で、紫色の花もかわいらしい。乾燥させた実や根は古くから強壮・解熱などに効果がある生薬として知られる。若葉や新芽も食用になる。上向きに伸びる枝とは別に地を這う匍匐枝（ほふくし）も伸ばし、枝の途中から発根して新株を作る。

雌花

雄花

分　類：常緑つる性木本
花　期：8月
結実期：10～11月
分　布：関東～沖縄
漢字名：実葛
別　名：美男葛（びなんかずら）

柵に絡ませた垣根仕立てにすることも多い

サネカズラ

マツブサ科　*Kadsura japonica*

花は径1～2cmとごく小さいけれど、
真ん中にカラフルな球がある
とてもかわいらしい姿です。

別名の美男葛は、樹皮を剥くと出る粘液をかつて男性の整髪料に使ったことに由来する。実には薬効成分があり、古くは咳止めなどに使われた。雌雄異株と同株のものがある。園芸種には白実がつくもの、葉に白や黄の斑（ふ）が入るものなどがある。寒地では落葉する。

熟した実は鮮やかな赤色になる

沖縄など暖地では春に開花することもあるモクセンナ

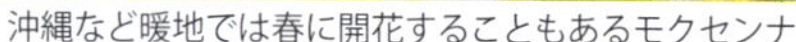

近縁種アルテミシオイデス

ハナセンナの園芸品種
'アンデスの乙女'

分　類：常緑低木~小高木
花　期：9～10月
結実期：10～11月
樹　高：2～7m
原　産：熱帯アジア
漢字名：木旃那
別　名：カッシア、イリタマゴノキ

モクセンナ

マメ科　*Senna surattensis*

秋冬に開花する花木はありますが、黄色の花はほとんどありません。その意味でも貴重な木です。

枝がつる状になるコバノセンナ

熱帯花木で九州南部以南では年間を通して戸外で育ち、沖縄では街路樹にも使われる。しかし寒地では戸外での冬越しは難しく、温室内で育てる。秋から晩秋にかけて開花し、長いサヤ状の実をつける。近縁種ハナセンナやコバノセンナもよく似た黄色の花が咲く。

園芸品種'ホワイトゼノア'

園芸品種'バナーネ'

分　類：落葉小高木
結実期：8〜10月
樹　高：4〜8m
原　産：西アジア
漢字名：無花果

改良の歴史が始まったのは古代ギリシャ時代という古い果樹

夏の終わり頃、
庭によい香りが漂い始めると
実が熟した知らせです。

イチジク

クワ科　*Ficus carica*

旧約聖書にも登場するなど古くから親しまれる果樹。無花果の当て字は花が咲かないことに由来するが、花は果嚢(かのう)と呼ばれる袋状の部分の中につき、外から見えないだけだ。雌雄異株だが、日本で栽培されているのは受粉が必要なく雌株だけで実がつく種類がほとんど。

葉にもほのかなよい香りがある

結実期

1
2
3
4
5
6
7
8
9
10
11
12

暖地に多い木で寒さには弱い

果嚢は小さい

分　類：常緑高木
結実期：8〜10月
樹　高：10〜20m
分　布：紀伊半島〜沖縄
漢字名：赤榕

庭木

アコウ

クワ科　*Ficus superba*

大木の枝を覆うほど
実がびっしりとついた姿は
ちょっと不思議な眺めです。

実は赤紫色に熟すと食べられる

イチジク（P.371）の近縁で、花が袋状の果嚢（かのう）の中につくのは同じ。果嚢の形もよく似るが、径約1㎝ととても小さく、枝だけでなく幹にもびっしりとつく。常緑樹だが、春、古い葉が一斉に落ちることも多い。その後新しい葉がすぐに出る。防潮・防風林にも使われる。

黄葉

雌果嚢は熟すと食べられる。雄果嚢は堅くて食べられない

分　類：落葉低木
結実期：10～11月
樹　高：3～5m
分　布：関東～沖縄
漢字名：犬枇杷

イヌビワ

クワ科　*Ficus erecta*

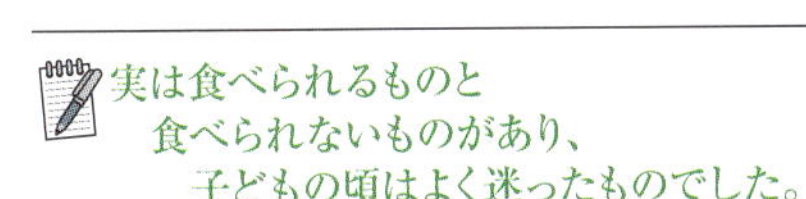

イチジク（P.371）の近縁で葉の形は異なるが、実の形は小さいながらもそっくり。雌雄異株。花は雌雄とも果嚢（かのう）と呼ばれる袋の中につくので見えないが、雄果嚢の中にもぐりこんだイヌビワコバチの体に花粉がつき、それが雌果嚢に運ばれて受粉する仕組みを持つ。

実は径約2㎝と小さい

ハート型の葉が目印

花は２輪ずつつく

分　類：落葉低木
花　期：10〜11月
結実期：翌10〜11月
樹　高：2〜4m
分　布：中部〜広島県・四国
漢字名：丸葉の木
別　名：ベニマンサク

マルバノキ

マンサク科　*Disanthus cercidifolius*

落葉樹で秋に開花するのはとても珍しいこと。紅葉と花が同時に楽しめます。

秋の紅葉も美しい

葉はハート型でカツラ（P.46）と似るが、縁にギザギザ（鋸歯）がないこと、若い枝や葉の柄が赤いことが区別のポイント。開花は晩秋。落葉の頃にマンサク（P.188）とよく似た形の花が２輪ずつ背中合わせに咲く。実は花後すぐにできるが、熟すのは翌年の秋。

熟した実

分　類：常緑低木
花　期：10～12月
結実期：11～12月
樹　高：1～8m
原　産：中国
漢字名：茶の木

花の径は2～3㎝。たくさんの雄しべが目立つ

実には3粒のタネが入っています。
茶畑を表す地図記号∴は
これを図案化したものです。

チャノキ

ツバキ科　*Camellia sinensis*

栽培が始まったのは鎌倉時代だが奈良時代には渡来していたと言われる。やわらかい新葉を摘んで緑茶・紅茶・烏龍茶などに加工するほか、若枝や葉柄(ようへい)も茎茶(くきちゃ)の材料となる。茶葉用栽培は樹高1mほどに剪定するが、剪定せずに育てると樹高は7～8mになる。

春から秋に出た若葉がお茶になる

花期

1
2
3
4
5
6
7
8
9
10
11
12

寒い地方では温室で育てるが、関東以南では庭植えができる

庭木

白花の園芸種

濃いピンクの園芸種

分　類：常緑低木
花　期：10〜翌3月
樹　高：3〜5m
原　産：ニュージーランド・オーストラリア
漢字名：檉柳梅
別　名：ティーツリー

ギョリュウバイ

フトモモ科　*Leptospermum scoparium*

オセアニアの花木ですが、和名・檉柳梅（ぎょりゅうばい）の響きも手伝うのか和の庭にも合う雰囲気があります。

鉢ものとして出回ることが多い

ピンク
赤
白

葉に含まれる成分には殺菌作用があるとされ、原産地ニュージーランドでは古くから薬草として利用されてきた。葉から採る精油は世界中で使われる。花から集めた蜂蜜はマヌカハニーの名でニュージーランドの特産品でもある。花には一重咲きと八重咲きがある。

葉に斑が入る園芸品種

日陰に強く、建物の陰でも大きく生長している株が多い

分　類：常緑低木
花　期：10〜12月
結実期：翌4〜5月
樹　高：1〜5m
分　布：関東南部〜沖縄
漢字名：八手
別　名：天狗の葉団扇

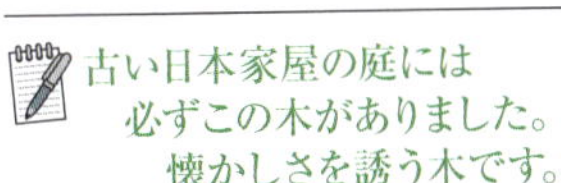

ヤツデ

ウコギ科　*Fatsia japonica*

天狗の葉団扇という別名そのままの、つややかで大きな葉がよく目立つ。邪気を防ぐとして古くから玄関脇などに植えられてきた。冬に咲く白い花は小輪が集まった球状になる。花が少ない寒い時期に咲くためか、開いた花にはよく虫が集まっている。

実は黒紫色に熟す

花期

1
2
3
4
5
6
7
8
9
10
11
12

ジャノメエリカは生長すると樹高数 m の大株になることも

スズランエリカ

分　類：常緑低木
花　期：11～4月(ジャノメエリカ)
樹　高：20㎝～3m
原　産：南アフリカ～ヨーロッパ

庭木

エリカ

ツツジ科　*Erica*

真冬に咲く種類も多く、
冬の花壇では
貴重な彩りになっています。

アフリカ原産のジャノメエリカ

紫
ピンク
赤
黄
白
緑

南アフリカからヨーロッパにかけて数百種が分布する大きなグループ。かつて日本で出回るのはジャノメエリカ（カナリクラータ種）、スズランエリカ（フォルモサ種）をはじめとする数種類だったが、最近は数多くの種類が広く流通するようになってきた。

エリカ・ダーリーエンシス
交配で作られた園芸品種。米粒大の小さな花がたくさんつく

ホワイトディライト（コロランス種）
南アフリカ原産。咲き始めは純白で、徐々に先端から紅色が差す園芸品種

庭木

ロイヤルヒース（レギア種）
南アフリカ原産。写真は花のつけ根が白くなる変種バリエガータ

ファイヤーヒース（ケリントイデス種）
南アフリカ原産。山火事のあとにも開花するというのが名の由来

花期
1
2
3
4
5
6
7
8
9
10
11
12

高温多湿な日本ではタネはほとんどできない

園芸品種サンライズ

黄緑葉の園芸品種

分　類：常緑低木
花　期：7〜9月・12〜3月
樹　高：20〜80㎝
原　産：ヨーロッパ〜小アジア
別　名：ヘザー、ヒース

庭木

カルーナ

ツツジ科　*Calluna vulgaris*

E. ブロンテの『嵐が丘』で知られる木。スコットランド地方では広大な茂みが見られます。

園芸品種'ボスコープ'の紅葉

エリカ（P.378）の近縁種で、かつては同じ種として分類された。気候によって葉色が変わる品種が多く、葉色を楽しむために植えられることも多い。零下の気温にも耐えるなど寒さにとても強い反面、日本の夏のような高温多湿には弱く、暖地での栽培は難しい。

ピンク
白

初夏に熟す実

分　類：常緑高木
花　期：11～12月
結実期：6～7月
樹　高：5～10m
原　産：中国
漢字名：枇杷

生長は早く、すぐに高木になる

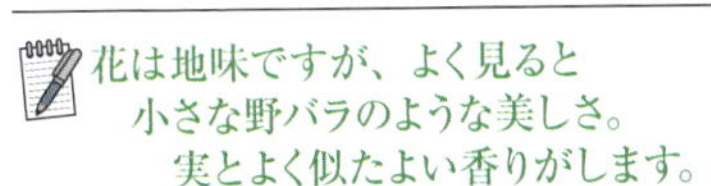

花は地味ですが、よく見ると
小さな野バラのような美しさ。
実とよく似たよい香りがします。

ビワ

バラ科　*Eriobotrya japonica*

温帯の果樹には珍しく冬に花が咲く。蕾や花柄（かへい）に細かい綿毛が生えるのは防寒のためだろう。実を食べ終わって捨てたタネからでも簡単に発芽するので、九州をはじめとした暖地では野生化していることも多い。大きく厚い葉はお茶や漢方薬の材料にも使われる。

蕾や花柄はやわらかな毛に覆われる

冬に甘い香りの花を咲かせる

老いた木は葉縁が丸い

分　類：常緑小高木
花　期：11〜1月
結実期：翌6〜7月
樹　高：4〜8m
分　布：東北南部〜沖縄
漢字名：柊

ヒイラギ

モクセイ科　*Osmanthus heterophyllus*

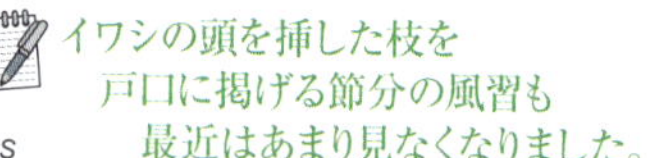

イワシの頭を挿した枝を
戸口に掲げる節分の風習も
最近はあまり見なくなりました。

若い葉は縁が尖る

縁が尖る葉形は広く知られるが、老木の葉は縁が尖らず丸くなる。実はモクセイ科らしい楕円形。長さ1〜1.5㎝ほどで翌年の夏に黒紫色に熟す。雌雄異株。ヨーロッパでクリスマスに使われるセイヨウヒイラギ（P.252）はモチノキ科の植物で、本種とは関係がない。

園芸品種‘レモンスノー’

園芸品種‘ウィンターローズ・マーブル’

分　類：常緑低木
花　期：12〜2月
結実期：3〜4月
樹　高：5〜6m
原　産：メキシコ
別　名：猩々木（しょうじょうぼく）

園芸品種‘アヴァンギャルド’

クリスマスには欠かせない鉢もの。
最近は色も形も実に多彩で
毎年どれを買うか迷います。

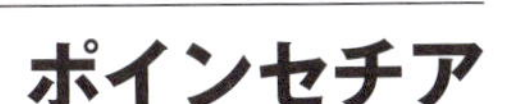

ポインセチア

トウダイグサ科　*Euphorbia pulcherrima*

クリスマス用の人気が高く、数多くの園芸品種がある。色がついた部分は苞（ほう）で、花はその中心に数輪が小さく固まってつく。室内で育てることが多いが、九州南部〜沖縄など暖地では露地植えが可能で、大きな株に育つことも多い。鉢栽培では実はできにくい。

園芸品種‘マーブルスター’

花期
1
2
3
4
5
6
7
8
9
10
11
12

寒地では戸外の冬越しは難しい

園芸品種'アサヒ'

分　類：常緑高木
花　期：6～7月
結実期：9～11月
樹　高：25～30m
原　産：熱帯アジア
別　名：ゴムの木

庭木

インドゴムノキ

クワ科　*Ficus elastica*

長さ30cmほどもある大きな葉で
古くから親しまれる
観葉植物の大御所です。

斑入り葉の園芸種

かつては天然ゴムの素材として樹液を採取したが、現在は観賞用としてのみ栽培される。葉は厚い革質で、長さは10～30㎝。斑が入るものや葉色が変わったものなど、園芸品種も数多い。大きく育った木は幹から気根を出し、壁面などに張り付いてよじ登る。

緑

ベンジヤミンゴムノキ

クワ科　*Ficus benjamina*

分　類：常緑高木
花　期：周年
結実期：周年
樹　高：20m（原産地）
原　産：東南アジア

日本では室内用観葉植物として扱う。原産地ではイチジク状の小さな実がつくが、室内ではほとんどつかない。斑入り葉ほか園芸品種は豊富。

枠内は葉がカールする園芸品種'バロック'

原産地ではほかの樹木（宿主）に着生して覆い尽くし、宿主を枯らすこともあるとか。

カシワバゴムノキ

クワ科　*Ficus lyrata*

分　類：常緑高木
花　期：周年
結実期：周年
樹　高：12～15m（原産地）
原　産：熱帯アフリカ
別　名：フィカス・リテータ

日本では室内用観葉植物として扱うが、比較的寒さに強いため暖地では戸外で育てられる。ベンジャミンと同じくイチジク状の小さな実がつく。

名の通り葉はカシワ(P.68)に似た形で覚えやすい

英名はフィドルリーブ・フィグ。葉形を弦楽器に見立てた名前です。

本州〜沖縄に分布するマダケ

幹は稈(かん)と呼ぶ

原　産：日本・中国
漢字名：竹、笹

庭木

タケ・ササの仲間

イネ科

さらさらと葉音を立てながら
風に揺れる竹林は
東洋ならではの端正さ。

花は数年に一度しかつかない

黄

タケ・ササ類は植物学的には木本植物・草本植物のどちらでもないが、一般には樹木の仲間として扱う。多くの樹木類と異なり、幹（稈（かん））は中空になる。稈には節があり、葉は節から出る柄につく。横に伸びる地下茎から春に出る新芽（タケノコ）を食用にする。

モウソウチク（孟宗竹／タケ類）
中国原産。日本ではもっとも大型のタケで稈の最大径は 25 ㎝、高さ10 ～20m

キンメイモウソウチク（金明孟宗竹／タケ類）
モウソウチクの園芸種で黄色地の稈に緑の縞が入る。斑入葉の園芸種もある

トウチク（唐竹／タケ類）
稈径 3 ～ 4 ㎝、高さ 5 ～ 10m。節間は60 ～ 80 ㎝と広い。別名ダイミョウチク

シマダイミョウ（縞大名／タケ類）
トウチクの斑入り葉園芸品種。鉢植え用として人気が高い

ハチク（淡竹／タケ類）
中国原産。稈はモウソウチクより白っぽくなる。高さ約 10 m、稈径 3 ～ 10 ㎝

ハンチク（斑竹／タケ類）
ハチクの園芸種で秋に稈の表面に褐色のまだら模様が出る。別名ウンモンチク

クロチク（黒竹／タケ類）
ハチクの変種で、ハチクよりやや小型。若い稈は緑だが、生長後は黒紫色になる

オカメザサ（阿亀笹／タケ類）
日本原産。名にササとつくがタケの仲間。稈は高さ 1 ～ 2 m、最大径は 3 ～ 4 ㎜

ホウオウチク（鳳凰竹／タケ類）
中国原産のホウライチクの変種で全体に小型。小さな葉が２列に並んでつく

タケとササの違い

タケ類とササ類は同じイネ科の植物ですが、そのうち稈（かん）の節についているサヤ（稈鞘（かんしょう））が若いうちに落ちてしまうものをタケ類、生長後もサヤが長く残るものをササ類として区別します。

名前にササとついていても分類学上はタケ類である場合も多いので、注意が必要です。

庭木

メダケ（女竹／ササ類）
本州～九州に自生。水辺で野生化することも多い。稈は高さ２～４m、径１～３㎝

アズマネザサ（東根笹／ササ類）
北海道南部～中部地方に自生。関東は特に多い。稈は高さ３～４m、径約２㎝

チゴザサ（稚児笹／ササ類）
葉に白や黄の縞が多く入る園芸品種。稈は高さ 15 ～ 50 ㎝、径1～5㎜

カンチク（寒竹／ササ類）
日本原産。高さ2～3m、稈は紫褐色で径1～2㎝。タケノコは秋～冬に出る

ヤダケ（矢竹／ササ類）
日本原産。稈は高さ2～5m、径5～ 15 ㎜。矢の材料にしたことから名がついた

ラッキョウヤダケ（辣韮矢竹／ササ類）
1934 年に茨城県で発見されたヤダケの変種。稈の下部の節間がふくらむ

クマザサ（隈笹／ササ類）
日本原産。夏は緑葉だが、冬は縁が白く枯れる。名は歌舞伎の「隈取り（くまどり）」に因む

コクマザサ（小隈笹／ササ類）
小型のクマザサ。ササ類でもっとも多く見られる。稈は高さ 20 ～ 50 ㎝、葉長約 7 ㎝

見分けにくい木を覚えるには？

よく似た木の違いを見分けてきちんと覚えるにはどうしたらよいでしょう？　観察の回数を重ねれば自然と覚えられるものですが、もっとも早く覚えるにはスケッチをするのが一番。絵は苦手でも問題はありません。覚えるためのスケッチは、よい絵を描くためではなく、よく見るために描くもの。ただ見るだけでは記憶に残りにくいごく小さな特徴も、「描く」という目的が重なれば、より詳しく見ることになります。さらに自分の手を動かして写し取ることで、記憶に残りやすくなります。

散歩で写真を撮ることを楽しみにしている方も多いでしょうが、「特徴を覚える」という点に関しては絵を描くほうに軍配が上がります。ぜひ試してみてください。

さくいん

太字は各ページタイトル種、細字は別名その他です

[マ]

[ヤ]

[ラ]

[ワ]

略　歴

葛西 愛（かさい・あい）
長崎県長崎市生まれ。園芸専門出版社、総合出版社勤務をへて、現在はフリーランスライターとして"植物と人との関わり"をテーマに取材・執筆活動を行っている。
著書に『盆栽は楽しい』（岩波アクティブ新書）、『身のまわりの木の図鑑』（ポプラ社）がある。
ブログ［Botanic Journal —植物誌—］
https://botanicjou.exblog.jp/

改訂版 散歩で見かける
街路樹・公園樹・庭木図鑑

2019年４月25日　初版発行
2023年３月１日　第４刷
著者　葛西 愛
写真協力　㈱アルスフォト企画
葛西 愛
発行者　亀井崇雄
発行所　株式会社創英社／三省堂書店
東京都千代田区神田神保町１－１
Tel. 03－3291－2295
Fax. 03－3292－7687
印刷／製本　日本印刷株式会社

ISBN : 978-4-86659-002-8 C2045
Printed in Japan